给孩子的
第一本编程思维
启蒙书

运国莲　马琢 ◎著

北京大学出版社

PEKING UNIVERSITY PRESS

内 容 提 要

　　本书在一条故事主线的基础之上，向孩子们介绍数学思维、逻辑思维与编程思维等相关的内容。比如分解问题、制订计划和步骤，打破思维定势，创造性地寻找解决问题的新方法。本书鼓励孩子自主探索，通过有趣的创造性练习和互动游戏，帮助孩子扩展多种思维能力，在轻松愉快的解题过程中学会思考，增强直觉和洞察力，提升解决问题的能力，打造更强大脑!

图书在版编目（C I P）数据

给孩子的第一本编程思维启蒙书 / 运国莲，马琢著 . —— 北京：北京大学出版社，2023.3
ISBN 978-7-301-33714-1

Ⅰ . ①给… Ⅱ . ①运… ②马… Ⅲ . ①程序设计 – 青少年读物 Ⅳ . ① TP311.1-49

中国国家版本馆 CIP 数据核字 (2023) 第 021019 号

书　　　名　给孩子的第一本编程思维启蒙书
　　　　　　GEI HAIZI DE DI-YI BEN BIANCHENG SIWEI QIMENGSHU
著作责任者　运国莲　马 琢 著
责 任 编 辑　刘 云 刘 倩
标 准 书 号　ISBN 978-7-301-33714-1
出 版 发 行　北京大学出版社
地　　　址　北京市海淀区成府路205号　100871
网　　　址　http://www. pup. cn　　　新浪微博:@ 北京大学出版社
电 子 信 箱　pup7@ pup. cn
电　　　话　邮购部 010-62752015　发行部 010-62750672　编辑部 010-62570390
印 刷 者　北京宏伟双华印刷有限公司
经 销 者　新华书店
　　　　　　787毫米×1092毫米　32开本　7印张　194千字
　　　　　　2023年3月第1版　2023年3月第1次印刷
印　　　数　1-4000册
定　　　价　59.00 元

　　阿吉是一个生活在2048年的10岁小男生，阿吉的父母很忙，所以平时他都是和保姆机器人待在一起，保姆机器人的名字叫作小伊。小伊被设计为一个12岁的小姐姐，虽然出厂时她的功能只是陪小朋友一起玩耍，照顾小朋友的生活，但经过这么多年来阿吉老爸对她的不断升级改进，她已经有了很多自主意识，会和阿吉一起参加各种活动，分享她的观察和感受，对阿吉来说，小伊更像个姐姐而不是机器人。

　　暑假刚刚开始，阿吉却已经早早地完成了暑假作业。

　　"小伊，有什么好玩儿的吗？"

　　"有的，我看到新闻，说有一项星际发现挑战夏令营，邀请小朋友们去发现不同星球上隐藏的秘密，要求小朋友和机器人组队去完成。"

"太好了，这不就是为我们准备的吗？马上就出发吧！"

"不要急啦，等我去拿家长许可。"

说完，伴随着轻微的嘟嘟声，小伊的眼睛闪过一串符号，阿吉知道这是她在和上班的父母联系。大约1分钟后，小伊说道："好了，老爸说祝我们玩得开心，有什么困难可以随时联系他。"

"哼，需要吗？有小伊在，我才不要听他说个不停呢，赶紧出发吧！"

思维训练积分规则 ▶

小朋友们，在学习编程启蒙的同时，你们还有一项有趣而又充满挑战的任务，就是进行思维大闯关，目的是锻炼数学与逻辑思维。我们在每节内容后面都设计了【思维训练】板块，一共32关。

闯关之前，读者可以选择参赛玩家：

阿吉，10岁的聪明男孩，初始积分20分

小伊，12岁的人工智能机器人，初始积分20分

积分规则 ●

·每闯过一关将会得到5个积分，闯关失败不得分。

·每一关都有神秘礼物，玩家会收到意想不到的惊喜。（只有答对题目才能获得）

·书中虽然是虚拟奖励，但是玩家可以让梦想照进现实，与父母商量，将虚拟奖励兑换为真实礼物。当然也可以不兑换，则会折合为5个积分。（虚拟奖励的设计目的是考查孩子延迟满足的能力）

·由于我们无法监控，需要小朋友们秉持诚实守信的美德，如实记录个人得分，确实完成了任务才能兑换神秘礼物哦。

卡片使用说明 ●

好运符：即时生效，获奖的玩家可以向父母要求兑现奖励，也可以不予兑换，从而换取5个积分。

求助卡：求助卡一共有3种形式，两位玩家可以各使用一次。

心愿卡：心愿卡并非即时生效，而是需要与父母商量。提出一个合理的请求，是否能够满足心愿要靠自己争取。

任务卡：接到任务之后，需要尽快兑现，如果选择不履行任务，将会扣掉5个积分。

炸弹卡：全书一共有3张炸弹卡，两位玩家可以各使用一次。

附赠资源 ●

温馨提示：本书还提供了很多有意思的视频与编程内容，读者可以通过扫描封底二维码，关注"博雅读书社"微信公众号，找到资源下载栏目，输入本书77页的资源下载码，根据提示获取。

下面是一个积分兑换表，小朋友每完成一关的任务之后，将积分与解锁之后的神秘礼物填入表格，在接下来的关卡就可以使用了。

阿吉（20分）			小伊（20分）		
关卡	积分	神秘礼物	关卡	积分	神秘礼物
1			1		
2			2		
3			3		
4			4		
5			5		
6			6		
7			7		
8			8		
9			9		
10			10		
11			11		
12			12		
13			13		
14			14		
15			15		
16			16		
17			17		
18			18		
19			19		
20			20		
21			21		
22			22		
23			23		
24			24		
25			25		
26			26		
27			27		
28			28		
29			29		
30			30		
31			31		
32			32		
总分			总分		

目录

附录

资源：全书卡片 /201

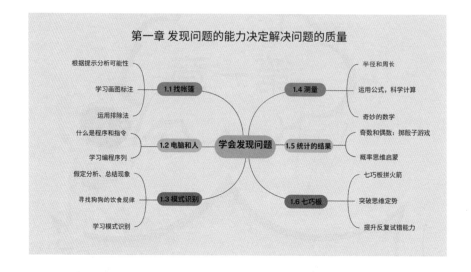

1.1 我们的帐篷在哪里？

乘坐星际飞船，小伊与阿吉二人不一会儿就来到了天狼星系上的B行星，签到之后领了帐篷。原来草原营地是这次夏令营的基地，两人正在寻找自己的帐篷位置，忽然看见前面有一群人聚在一起，似乎遇到了难题，于是两人走了上去。

"需要帮忙吗？"阿吉问道。

"我们来自半人马星，刚搭好帐篷在周围参观了一下，结果回来分不清哪顶帐篷是谁的了。"这个叫作小宇的男孩子指着前面的6顶帐篷说道。

"你们6个人难道什么都不记得了吗？"

"我有点印象，我的右边是萱萱，后面是月儿，其他的我一点都不记得了。"小宇接着说。

阿吉看向剩下的几个人，几个人脸上都是一脸的茫然。

这时，一个被同伴称为小树的矮个子说道："我记得我的左边是小刚"。

阿吉听了小树和小宇的话，心里盘算了起来，似乎通过分析两人的话就能帮每个人找到帐篷，于是他用树枝在沙地上画了起来。

他边画边说道："小宇说他的右边和后面都有人，所以他一定在前排，而且不是最右边的帐篷，剩下的就只可能是画圈的两顶帐篷。"

"如果小宇住在中间的那顶帐篷，那么他周围就是这样。"

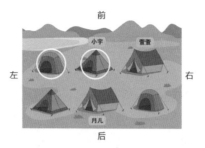

"但是小树说他左边是小刚，所以他俩是在一排并且相邻的位置，这样已经没地方了，所以不可能。"

"所以小宇是在左边的位置，他和月儿、萱萱的位置就是这样。"

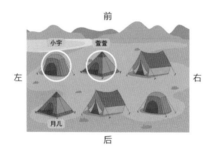

"再加上小树和小刚，以及剩下的小龙，你们每个人的帐篷就是这样的。"

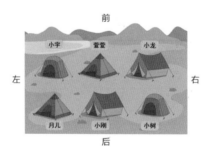

"太好了！"小宇说，"真的非常感谢你"。

思维训练 ● 第一关

找到各自的帐篷之后，小宇、萱萱、小龙、月儿、小刚、小树6个人商量之后，决定去夏令营附近的电影院看最新上映的《阿饭达3》。这可是在地球上映的一部非常火爆的影片，B行星终于引进了，要是在半人马星，还不知道要等多久才能看到影片。

一行人很早就进入了电影院，为了打发时间，小宇想到了刚才的一幕，便提议大家一起玩思维游戏。

请问：?处是谁的座位？

逻辑解析 ●

一共有两条提示，先看小宇的。

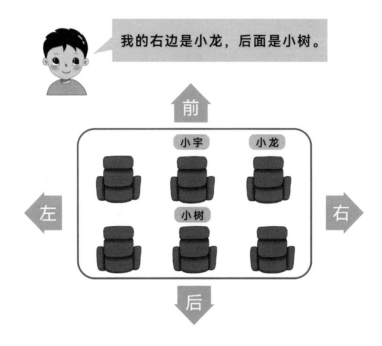

既然小宇说自己的后面是小树，也就是说他坐在前排。结合右边是小龙的信息，可以推出两种可能。

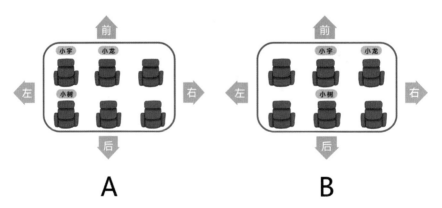

接下来结合萱萱的第二条提示，并针对A做进一步分析，萱萱只能在后排最右侧的位置，那么很容易推出最后的座位。

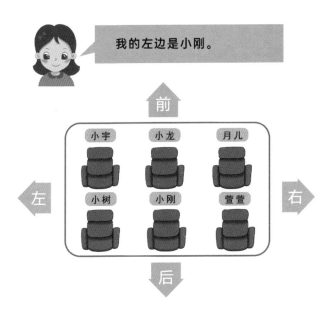

针对B做进一步分析，根据座次情况，萱萱的左边不可能是小刚，故排除。

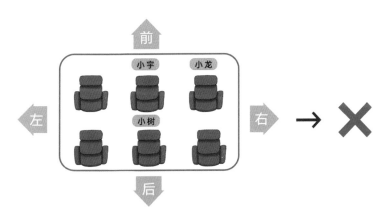

神秘礼物 （答对题目的玩家才可以获得神秘礼物，下同）

阿吉会得到一张好运符，小伊会得到一张好运符。

1.2 搭帐篷——电脑和人

找到了半人马星6人的帐篷位置，阿吉来到了
自己的位置，看着手中的帐篷包，说道："没想到一
来就要搭帐篷，不过我从来没有搭过帐篷呢，现在
要怎么办啊？"

小伊打开了帐篷包，拿出了说明书，说道：
"阿吉你看，这里有一份说明书，我们需要按照这
些指令来完成。"

"指令？"阿吉有点疑惑，"指令是什么？"

"啊，不好，用了个专业词汇，不过也很简单，
我解释给你听。"小伊说道，"我是一个机器人，你知道的吧？"

"知道啊，你是我的机器人保姆姐姐。"

"不错，那你知道人和机器人，或者说人和电脑要怎么沟通吗？"小伊
接着问道。

"不就是像和人一样说话就可以了吗？"阿吉一脸疑惑地说。

"嗯嗯，这是因为我是一个人工智能的电脑，可以通过说话来交流，但是普通的电脑就不行啦，需要你很具体地告诉它你要做什么，就像这样。"说着，小伊在显示屏上展示了一个编程的界面。"你看这里有很多的语句，人就是通过这种方式和电脑沟通的。"

"原来是这样啊，是不是就像爸爸写程序那样？"阿吉问道。

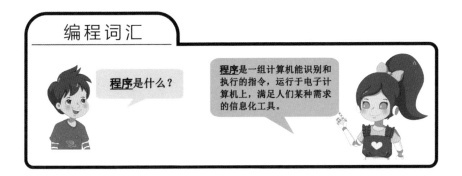

"是的，除了那种纯代码之外，也有一些小朋友可以轻易使用的，就像这些，每一个积木就是一个指令啦。"

"哦，明白了，指令就是告诉电脑做具体事情的一个动作，比如让电脑播放声音。"

"没错，你看这个说明书上，每一个步骤写得都很清楚，我们只需要按照顺序一个个执行就好啦。"小伊接着说。

"好的，我来看看。"阿吉说。

两人开始跟随着指令搭建帐篷，先展开帐篷布，然后插入固定杆，接着将固定杆固定在草地上，再展开装饰。很快，一顶精美的帐篷便呈现在了两人面前。

"看来跟计算机交流也是有好处的。"看着自己亲手搭好的帐篷，阿吉感慨地说。

"怎么会有这样的想法呢？"小伊有点不解地问。

"你看啊，平时妈妈叫我干这干那，我有时候会照着做，有的时候不想做就会偷懒，甚至会发脾气不做，所以经常会出现做不好的时候。如果是电脑，无论说什么，它都会严格地照做，然后把事情通通搞定。"

"你说的有道理，但这也就意味着你给电脑的每一个指令都要正确，否则不但

可能无法实现你的想法，还有可能出现意想不到的危险情况哦！"小伊解释道。

"不错，我们需要仔细检查，以保证不出错。"

"而且，妈妈叫你做事的时候，不需要说得那么详细，只要告诉你大概就可以了。虽然你有时候会偷懒，但当这件事刚好也是你想做的事情的时候，你就会开动脑筋，尽可能把它做到最好，这可是发指令给电脑无法达到的效果哦。"

"嗯嗯，那是当然，我想做的时候，一定会做到最好的！"阿吉骄傲地说。

"还有一点，电脑是缺乏创造性的，如果需要完成一件史无前例的任务，就需要人类开动脑筋了哦。"小伊解释道。

"这么看来，还是电脑和人一起工作效率最高，可以发挥最大的优势。"阿吉感慨道。

"嗯，这次比赛我俩就一起努力吧！"小伊一边点头一边说道。

思维训练 ● 第二关

小伊和阿吉两人很快搭完帐篷，又没事干了。阿吉突然想到了什么，说道："小伊，我们去参加游戏活动吧。"

"好啊。"

于是两个人来到了夏令营的一处活动地点，这里正在进行一项名为结识新朋友的游戏。来自各个星球的小朋友会进入迷宫的中心，然后进行自我介绍，如果你想与其中一位结识，只需要在60秒内走到迷宫中心，就可以认识这位新的朋友了。

"小伊，我要玩这个，我想认识天马星的小姐姐。"

"噗，你这孩子，好吧。这个迷宫很简单，但是需要在60秒内完成，你去试试吧。"

"嗯，看我的吧！"

逻辑解析

"对于迷宫这类问题，最常见的方法就是在进入迷宫之后，选择一个方向，然后沿着墙壁一直走下去。"小伊说道。

"那么它的原理是什么呢？"阿吉问。

"不要被眼前曲折蜿蜒的围墙所迷惑，而要把它看作一根线段。这样说吧，阿吉你喜欢吃面条，拿出一根把它抻直了，它就是一根直线。也就是说，迷宫的入口与出口就是这根直线的两端，从入口进入，沿着这根线一直走下去，自然会到达出口。"

"哇，好神奇。"

"不过有一种情况例外，那就是回字形的迷宫，出口与入口并不是连通的，你一直走就会发现，自己又回到了原点。所以在走迷宫之前，一定要确认出口与入口是否在一条线段上，就是说围墙必须是连通的才行，这

样的话，一直走肯定可以到达出口。"

"明白了，天马星小姐姐，我来了！"

神秘礼物●

第二关很简单，成功走出迷宫之后，阿吉会更加自信，因此形象值+1；小伊的奖励则是智力值+1。

说明：

· 形象值累积到3分之后，可以兑换一次发型设计。让爸爸妈妈带你去一家高级的理发馆，剪一个酷酷的发型吧。

· 智力值累积到3分之后，可以兑换一件学习用品。

1.3 模式识别——找到规律，狗狗不再饿肚子

阿吉和小伊来到附近的一个小村子里闲逛，远远看见一只狗狗在对着一个小朋友吼叫，阿吉担心它会咬到这个小朋友，连忙跑过去。走近了才发现，虽然狗狗吼叫得很凶，但这个小朋友一点也不害怕，反而一直在安

抚这只大狗。

"这是你养的宠物吗?"阿吉问道。

"是的,它叫多拉,是我家养的飞天狗。"小朋友回答道。

"它这是怎么啦,为什么这么凶? 我担心它要咬你呢。"阿吉说道。

"没事的,它只是饿了,它最爱的点心没有剩余了。"小朋友伤心地说道。

"那是小问题啦,我们赶紧去买一点吧。"阿吉听了放心地说。

"问题就在这里,点心不是随时都能买到,有几种要在很远的村子才有的卖,所以我们都是提前准备,这次我算错了。"小朋友继续说道。

"还要算啊?"

"是的,你看。"说着小朋友从包里拿出一张纸,上面记录着狗狗上个月每天吃的水果。

阿吉将纸拿在手里,仔细看了起来,只见纸上面按日期标注着:

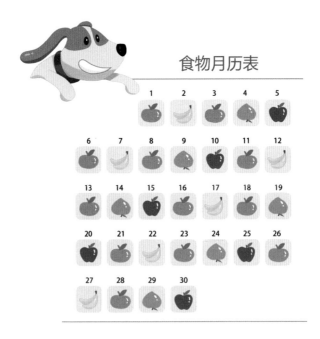

"这张表格可把我看晕了，也不知道今天要带什么给它吃，所以它就很暴躁，一直在叫。"小朋友说道。

阿吉仔细地看着这张表格，"确实，似乎有某种规律，但一时也无法描述。"

先来试一试。

第一步： 假设2天一个循环

规律：橙子→香蕉 √

实际情况：橙子→香蕉→橙子→水蜜桃（×）

到第4天就不对了

第一步：假设2天一个循环

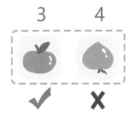

第二步： 假设3天一个循环

规律：橙子→香蕉→橙子√

实际情况：橙子→香蕉→橙子→水蜜桃（×）

到第4天就不对了

第二步：假设3天一个循环

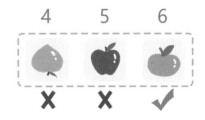

第三步：假设4天一个循环

规律：橙子→香蕉→橙子→水蜜桃 √

实际情况：橙子→香蕉→橙子→水蜜桃→苹果（×）

到第5天就不对了

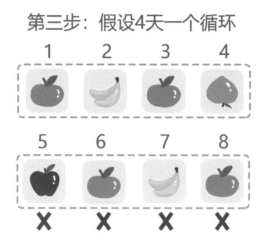

第四步：假设5天一个循环

规律：橙子→香蕉→橙子→水蜜桃→苹果 √

实际情况：橙子→香蕉→橙子→水蜜桃→苹果→橙子→香蕉→橙子→水蜜桃→苹果→橙子→香蕉→橙子→水蜜桃→苹果→橙子→香蕉→橙子→水蜜桃→苹果 √

假设5天是一个循环，按照这个规律依次验证，都是对的，好了，终于找到规律了！

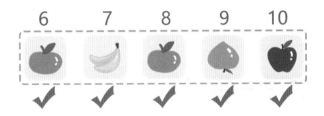

6 7 8 9 10

阿吉高兴得跳了起来，"找到规律了！你看是不是这样?"

小朋友在心里默默算了一遍，"每5天是一个循环，每个循环中有两个橙子、一根香蕉、一个水蜜桃和一个苹果，这样要计算一个月每种水果的需求量，只需要用一个月30天除以5就可以简单计算出来啦！太谢谢你了小哥哥，我家的飞天狗再也不会饿肚子了。"

总结现象，假设有模式，然后去发现它、验证它、解释它，这几乎是所有科学发现和发展的必经之路。

通常来说，学龄前和小学的孩子在发现和尝试模式上并不困难（事实上，在6岁以前，孩子的绝大多数学习都是通过这种方式实现的），欠

缺的是总结现象和假设有模式这两个环节。如果追求短期效果，适当地做一些孩子认知内的题是有一定价值的。

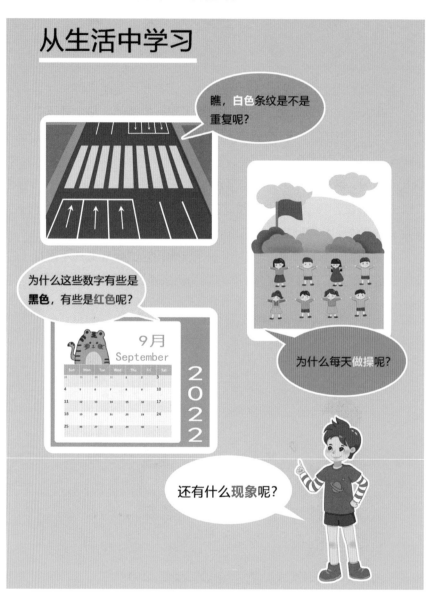

而如果想让孩子自然而然地学会，生活中有大量的实例，例如，人行道上的花纹，日历上的颜色，幼儿园每天的活动安排……

父母不需要告诉孩子是什么，而只要去提醒他们是不是存在重复和模式，孩子通常可以自己发现其中的规律，并培养起总结现象、假设有模式的习惯。

思维训练●　第三关

解决了飞天狗的食物问题，阿吉信心满满，他对小伊说道："刚才这个找规律的问题真过瘾啊，我还想玩。"

"哈哈，这么有信心吗？我带你去看车展吧。"小伊说道。

两个人来到了车展，这里的汽车好酷啊，在地球可没见过这么酷炫的汽车。小伊对阿吉说道："我利用这些车标，给你设计一道排列规律的题，你做做看怎么样？"

"太好了，你快出题吧！"阿吉一脸兴奋地说道。

魔人三角、蝎刺、天使A，这是B行星顶级的3辆超级跑车，下面分别是三辆车的标志。仔细观察下面的图形，你能发现什么规律呢？

像这样的车标卡片一共有40张，请问魔人三角的卡片一共有多少张？

逻辑解析●

这是典型的排列规律题，只要找到卡片之间的规律，就能够很容易得到答案。很多人看见题目的第一反应就是，把40张卡片都列出来，然后数一数魔人三角的卡片不就行了吗？

没错，这是一种很笨的方法，如果有4000张卡片呢？你打算全部摆出来吗？

在这里，小伊给大家介绍一种思维工具，就是在地球很流行的思维导图，其中有一种树形图，可以很容易找到规律。

首先，分析已有卡片，一共12张卡片，因为一共有3种超级跑车的标志，所以很多人都会按3张一组进行分类，我们利用树形图分类如下。

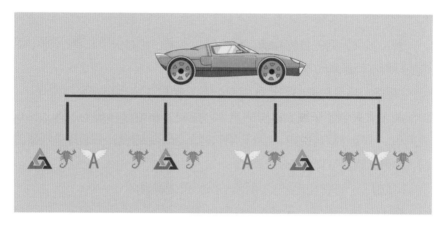

仔细观察上面的树形图，看出什么规律了吗？似乎并没有发现规律，这时就需要转换思路，再仔细观察，如果按照每4张一组进行分类呢？

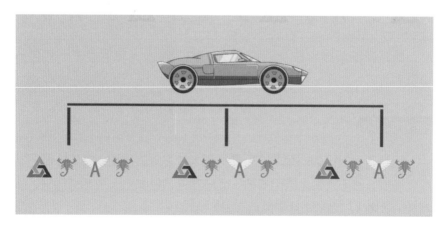

看出规律了吗?

魔人三角—蝎刺—天使A—蝎刺

找到规律了! 我们知道卡片的总数是40张,而每一组有4张卡片,那么可以计算出一共有多少组:40张卡片÷4=10组。

由树形图可以轻松看出,每一组卡片中包含1张魔人三角,那么魔人三角卡的总数为:1张×10组=10张。

神秘礼物●

阿吉会得到5个奖励积分,小伊会得到一张求助卡。

【求助卡使用说明】:在之后的关卡遇到解决不了的问题时,可以从本书提供的求助卡中随机抽取一张,并按照上面的方式求助。

求助卡一共有3种形式,每个人可以各使用一次。例如阿吉选择向父母求助,下次再抽到求助卡,就只能选择另外两种方式。

1.4 测量:从公式出发——两个农夫的问题

阿吉和小伊正在营地参观,忽然听见两个农夫在争执。两人赶紧走上前去,原来两个农夫在为如何给这片花园增加一个围栏而争执。

高个子农夫说道:"我俩是好朋友,一起维护附近的花园,最近来的游客比较多,于是想把围栏扩建,往外面延伸一米,以防人群不小心踩到名贵的花。因为一时找不到合适的绳子,于是去找矮个子农夫借绳子。"

听到这里,矮个子农夫插嘴道:"我看他要的很急,刚好我有段绳子准备围在一棵古树边上,我量过,绳子圈到树刚好是一米。他说要绳子,我想他也是延长一米,就把绳子给了他,接在原来的绳子上不是刚好?结果他居然埋怨我给他这么短的绳子,接上也不够用,你说气人不气人！"

高个子听了似乎有些生气地说："他给我这么短的绳子，我这么大的花园要扩建也不够用啊。"

听到这里，阿吉明白了是怎么回事，说道："不要着急，我来给你们算算。"

两位农夫听了，赶紧说道："太好了，你来给我们评评理吧。"

于是阿吉拿出纸画了起来，边画边说："花园半径是100米，增加一米，就是101米，原来的周长是2x100xπ，现在的周长是2x101xπ，两者一相减，需要增加的绳子长度就是2xπ了。"

"再看看围树的绳子，树的半径是30厘米，也就是0.3米，绳子离树1米，半径就是1.3米，所以周长是2x1.3xπ，完全没有问题啊。"

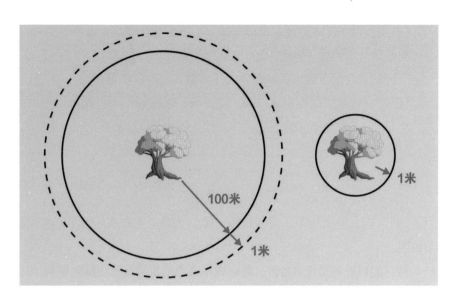

"咦？怎么会这样，明明这么大的花园，要增加一米的半径，用这么少的绳子就够了？"高个子农夫还是很疑惑。

"其实不管是多大的圆，就算是像我们的星球这样大，想要增加1米，也只需要这么长的绳子就可以了。"阿吉得意地说。

"什么？！"这下两个农夫都睁大了眼睛，一脸的不可思议。

"哈哈，让我来给你们算一算，如果我们的星球的半径是R，它会很大，比如几千公里，也就是几百万米，但不管是几，我都把它叫作R好了，那么星球的周长就是$2 \times R \times \pi$，半径增加1米之后的周长就是$2 \times (R+1) \times \pi$，增加的绳子长就是两者一减。你们看，这不还是$2 \times \pi$吗？"

这下两个农夫都愣住了，"原来是这样啊！"

"所以啊，碰到问题，用公式算一算，比靠直觉准很多哦。"阿吉得意地说。

数学的世界就是这么奇妙，看起来不太直观甚至是不可能的现象，却有着合理的解释。所以遇到问题的时候，先用公式算一算吧，可能会有惊喜哦。

思维训练 ▶ 第四关

"阿吉，上一节的思维训练板块，我们练习了排列问题，这一节我们针对组合问题进行训练好不好？"

"好的，小伊，你出题吧。"

"别急，先跟我去逛逛服装店吧，我已经好久没有买新衣服了。"

说罢，两个人来到了一家很有特色的服装店，刚好赶上服装店换季打折的活动，所有服装一件8折，两件7折。

小伊看到之后就走不动路了，一头钻进服装店海选，阿吉很无奈地跟在后面。1小时后，结束了血拼的小伊统计了战果：买了两双鞋子、一件长袖上衣、一件背心、一条短裤、一条长裤、一顶帽子。

看着这些战果，小伊心满意足，这才想起出题的事。她对阿吉说道："你知道这些服装有多少种搭配吗？"（每一种搭配都要包含帽子、上衣、

长裤/短裤、鞋子）

逻辑解析 ●

　　这是一道关于搭配的问题。

　　先选择帽子，配背心，再分别与短裤、长裤和高帮鞋、低帮鞋搭配，
有4种不同的搭配方法。

　　1 帽子→背心→短裤→高帮鞋

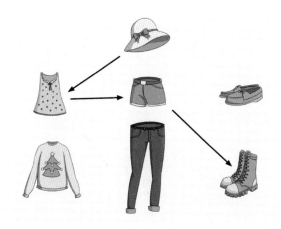

2 帽子→背心→短裤→低帮鞋

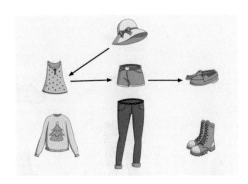

3 帽子→背心→长裤→高帮鞋

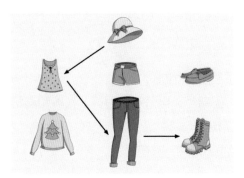

4 帽子→背心→长裤→低帮鞋

再选择帽子，配长衣，然后分别与短裤、长裤和高帮鞋、低帮鞋搭配，也有4种不同的搭配方法。

1 帽子→长衣→短裤→高帮鞋

2 帽子→长衣→长裤→低帮鞋

3 帽子→长衣→长裤→高帮鞋

④ 帽子→长衣→短裤→低帮鞋

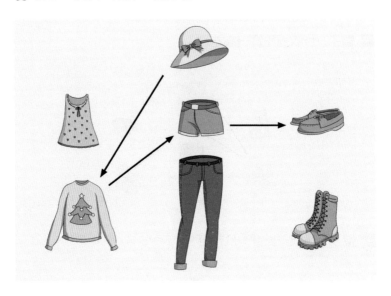

神秘礼物 ●

阿吉得到了一张求助卡，小伊得到了一张任务卡。

任务卡使用说明：任务卡属于强制命令，抽到任务卡就必须使用。别担心哦，都是一些很有趣的任务。

1.5 统计的结果——掷骰子游戏

两人继续在营地外闲逛，忽然看见几个小朋友正蹲在树下玩游戏，阿吉很有兴趣地跑了过去，饶有兴致地看着他们玩游戏。

游戏其实很简单，有两个6面骰子，上面分别是数字1~6，两个人分别选择：投出两个骰子，投掷的数字之和是奇数还是偶数，如果选对了，自己的小人就可以在地图上前进1步，最先到达终点的人就会获胜。

　　看了一会儿，阿吉发现了一个有趣的现象：无论是哪个小朋友，轮到他先选的时候，都会选择偶数，后选的人没得选，才会选择奇数。于是他好奇地问道："为什么你们都选择偶数呢？"

"因为选择偶数比较容易赢啊。"一个小朋友大声回答道。

阿吉听了一脸的疑惑，于是开口问道："为什么会这样，不是应该一样吗？"

看到这个外星人无法理解他们的游戏，刚才那个小朋友解释道，"你看，两个骰子可以掷出的数字范围是2~12。"

"没错，是这样。"阿吉点头道。

小朋友继续说道："所以啊，2到12，一共有11个数字，其中有6个是偶数，5个是奇数，那不就是偶数比奇数多吗？所以我们都会选择偶数啊。"

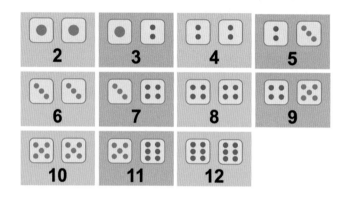

阿吉听了，若有所思地说："听起来有点道理，但是总感觉哪里不太对劲啊。"

小朋友说，"难道不是这样吗，不然你说说应该是怎么样的呢？"

阿吉整理了一下思路，说道："我觉得是这样的。我们先拿一个骰子来看，数字肯定是1~6，所以，奇偶的概率是一样的，对不对？"

"当然。"小朋友回答道。

"然后我们再看两个骰子的情况，假设我们掷的时候，先停止旋转的那个骰子是奇数，让你在第二个骰子停下之前选，你会选哪个？"阿吉问道。

"选哪个都一样，因为第一个是奇数的话，第二个如果是奇数，奇数+

奇数，总和是偶数；如果第二个是偶数，奇数+偶数，总和是奇数。但第二个骰子奇偶是一样多的，所以结果的奇偶也一定是一样多的。"

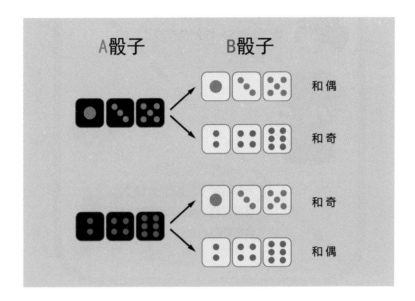

"没错呢，我也是这么觉得的。"阿吉又继续说道："那如果第一个骰子是偶数呢？"

"按刚才说的，奇偶还是一样多。"

"对啊，而第一个是奇偶的可能性也是一样多的，对不对？所以总和还是一样多啊，你觉得呢？"阿吉说道。

"听你说的是挺有道理的，不过我说的也很有道理啊。"小朋友虽然很认同阿吉的说法，但他们长期以来的习惯让他没办法一下子放弃自己的观念。

"那我再来问你，掷两个骰子，让你选一个数字，你会选哪个？"阿吉问道。

"那当然不会选2或者12了，根据我的经验，7出现的次数是最多的。"小朋友答道。

"就是这样的，虽然数字的个数是偶数多，但比如像'7'，掷同样多次，它出现的次数是最多的，所以最终奇偶就是一样多的。"

"哦，你这么说我就明白了，谢谢你啦小哥哥，祝你夏令营玩得愉快。"小朋友开心地说道。

无论抛硬币或者掷骰子，都是很好的概率思维启蒙，概率思维在生活中是非常有用的思考方式，甚至有学者认为，对于非理工科的普及高等教育而言，概率论比高等数学更有意义，因为它的应用场景贯穿于生活的方方面面。通过此类游戏，可以让孩子对概念形成一个初步的认识，同时可以运用这样的思维方式来分析生活中遇到的很多现象。

这一题中，外星小朋友所犯的错误其实是非常常见的错误，即使是大人有时也会出现这样的问题。所以遇到问题多思考一下、多深入一点，才能看到真正的结果。

"阿吉，既然这一节讲到了概率问题，那么我也设计一道题考考你。"

"好的，小伊你说吧，不过我有点渴了，想要喝奶茶。"

"好吧，那我们去商场买奶茶吧。"

两个人来到了光芒之星大商场，发现商场正在举行活动，凡是在商场购买满68元的商品可以抽奖一次。小伊觉得这是一个不错的机会，刚好可以考考阿吉，于是他们在商场购买了145元的商品，按规定获得了两次抽奖机会，结果有一张中奖了。

"运气不错，看来这次商场的中奖概率为50%，阿吉，你觉得我的说法对吗？"

"对的，小伊。"

"笨呢，当然不对了！"小伊被气到了。

商场的中奖概率为50%显然是不对的，抽奖活动是不确定事件（随机事件），计算中奖率应该用中奖的奖票数除以奖票总数，而这两个数题目

笨呢，当然不对了！

中都没有给出，所以不能计算出商场这次抽奖活动的中奖率。

概率是指在重复做大量实验时，随着实验次数的增加，一个事件出现的频率总在一个常数附近摆动，显示出一定的稳定性，它是大量实验的结论。不确定事件（即随机事件）每次发生的结果是不可预测的，但是概率是不变的。

"我再给你出一道题。"（闯关任务）

"一个盒子里装有一模一样的两个乒乓球，分别写有3和4，你需要随机从盒子里摸出一个乒乓球，同时自由转动图中的转盘。如果你从盒子中摸出的乒乓球上的数字和转盘上转出的数字之和是6，那么就算你赢。"

"你好好想一下，你获胜的概率是多少?"

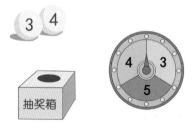

每次游戏可能出现的结果如下。

兵乓球/转盘	3	4	5
3	(3 3)	(3 4)	(3 5)
4	(4 3)	(4 4)	(4 5)

总共有6种结果，每种结果出现的可能性相等，而从盒子中摸出的乒乓球上的数字和转盘上转出的数字之和是6的只有1种，因此游戏者获胜的概率为$\frac{1}{6}$。

Tips

当一次实验涉及两个因素，可能出现的结果数目较多时，为了不重复、不遗漏地列举出所有可能的结果，常用列表法。

这一关需要格外谨慎，如果你无法计算出获胜的概率，那么会有一张炸弹卡在等着你。

答对的情况： 阿吉会得到一张好运符，小伊智力值+1。

答错的情况： 两个玩家都会得到一张炸弹卡。

1.6 七巧板，发现式思维

刚离开这群玩猜大小的小朋友们，阿吉忽然看见路边坐着一个戴眼镜的小女生，正在用三角形、方块等形状拼着一张图。

阿吉觉得好奇就走了上去，哇，这不是七巧板吗？阿吉兴奋起来。

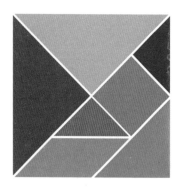

再一看这个小妹妹正在玩的拼图，就是载着自己来到天狼B行星的火箭，于是阿吉便坐在边上，一边看小妹妹拼图，一边在脑子里盘算该如何拼出这架火箭的形状。

很快，小妹妹成功地把火箭的顶部拼了出来。关于火箭顶部的拼法阿吉并没有异议，因为无论怎么看，这都是唯一的方法。

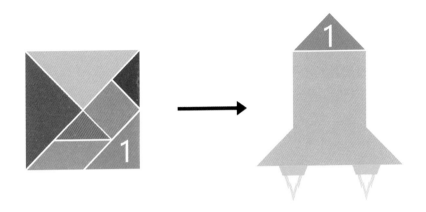

问题的难点在于底下的两个尾翼。小妹妹一直在尝试用两个最小的三角形拼尾翼，然后用剩下的大三角形、四边形拼剩下的长方形，不过反复尝试了多次都不成功。

最开始阿吉的思路也跟她一样，不过看小妹妹几次尝试无果之后，他发现了问题所在，于是在地上用树枝画了起来，中三角形已经被用掉了，那么剩下可以拼尾翼的除了两个小三角形，就是大三角形以及四边形了。

阿吉开始尝试大三角形和四边形的组合，但是又面临一个新的问题，那就是小正方形总是无处安放。不过小妹妹看见了阿吉的尝试，似乎有了新的灵感。这次她更进一步，用两个大三角形拼接了尾翼。

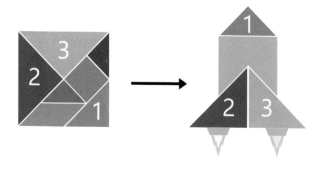

看到这一组合，阿吉和小妹妹的思路豁然开朗，各自用剩下的图形填充了整个图案。

"哥哥，你可真厉害。这个火箭拼图我已经玩了2天了，一直没有拼出来，你一来我就找到灵感了。""哈哈，我运气比较好吧。"阿吉有些害羞地说。

七巧板是一个非常好的思维游戏。不同于在纸上做题，还可以锻炼小朋友的动手能力。像这样的思维游戏，作为家长来说，最重要的是放下对错之心。其实能否最终拼出图形并不是那么重要，最重要的是让孩子不断去尝试，不断去思考，这才是他们未来探究数学与科学所必需的精神。

因此，建议从容易的图形开始，慢慢培养孩子的信心。有些特别难的题目，如果孩子确实遇到了瓶颈，就像前面的小妹妹那样，被一个特定的图形卡住，这时家长可以进行提示，帮助孩子打开思路，慢慢地，孩子也会将这些思路运用到其他的图形当中。

思维训练 ● **第六关**

阿吉虽然表面有些羞涩，但是内心却很得意。由于无事可做，他还想跟小妹妹一起玩会儿，于是说道："小妹妹，我这里也有一道关于图形规律的题目，你有兴趣解答一下吗?"

"好啊，小哥哥你说吧。"

"小妹妹，你看下面这四个图形，每一个三角形的数字与其内部的图

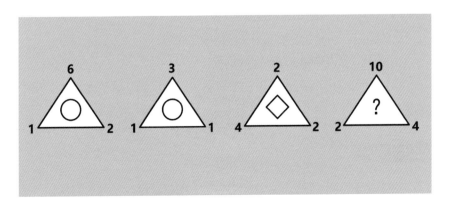

形都存在某种规律，你能找到规律，并得出'？'处的答案吗？"

逻辑解析●

对于这类题目，可以按照"加减乘除"的顺序分析，这也遵循从易到难的原则。

先按照加法计算：

第一个三角形数字之和：9

第二个三角形数字之和：5

第三个三角形数字之和：8

第四个三角形数字之和：16

接下来寻找规律，很容易得出：

第一个三角形数字之和：9（奇数）

第二个三角形数字之和：5（奇数）

第三个三角形数字之和：8（偶数）

第四个三角形数字之和：16（偶数）

再看三角形内部图形之间的规律：

前两个都是圆形，数字之和是奇数

第三个是菱形，数字之和是偶数

第四个未知，数字之和是偶数

那么结论很明显了，第四个图形应该是菱形！

"小哥哥，那如果按照减法计算呢？"

"其他方法你可以验算一下，很快就会发现它们之间并无规律，从而排除掉。"

神秘礼物●

阿吉会得到一张好运符，小伊会得到一张好运符。

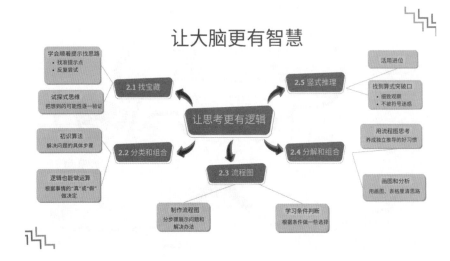

2.1 编程思维：来吧，拼图找宝藏！

来到天狼B行星的第二天，夏令营的活动正式开始了，营长宣布了第一项比赛——寻找宝藏。需要通过地图，在这片原野上找到指定的宝藏，每个组都分到了一张寻宝说明。

寻宝说明是一张原野的地图，加上一条提示："在河流的尽头，参天大树下"。

阿吉看了这个提示说道："看起来很容易嘛，沿着河流找就可以了，你说对吗，小伊？"

小伊也看了看地图和提示，说道："看起来是这样的，我们出发吧。"

于是两人便沿着河出发了，很快来到了河流的尽头，在这里发现了一片树林。

"这里有这么多树，哪一棵才是我们要找的呢?"阿吉一边继续向森林前进，一边环顾四周。

突然，小伊说道："应该就是这一棵吧!"只见两人的右边有一棵树，长得又高又直，高度远远超过了其他的树。

于是两人来到了树下，果然在这里发现了一个箱子，两人都兴奋不已，急忙打开了箱子，不过这里并没有宝藏，而只是另一张提示纸条，上面写着："爬上山顶，找到金色的鸟巢"。

阿吉看了显得很兴奋，说道："没想到还有第二关啊，这个游戏挺好玩的。"

于是两人继续跟着提示爬上山顶，这次的目标非常显眼，一个金色的鸟巢就在大树上。在树下，他们发现了第三条提示——"请看前方的3个村子，请在村子中找到小明。"两人抬头远眺，果然，远处有3个村子。

"虽然今天走了很多路，不过我有预感，在村子里就可以找到宝藏了。"阿吉兴奋地说道。

看到阿吉动力这么足，小伊也感到很开心。两人继续出发，不一会儿就来到了村子前面的小广场。

"不知道小明到底在哪个村子，这里人多，我们问问人吧。"阿吉说道。

"嘿，这不是刚才那个小弟弟吗，我去问问他。小弟弟，你知道小明家在哪个村子吗？"

小弟弟说："我知道啊，他家就在我们村的左边。"说完就一蹦一跳地走开了。

阿吉有点无奈，刚好旁边走来了一位老奶奶，于是他问了同样的问题，奶奶的回答是，"我记得他家在不靠河的村子。"阿吉还想追问，老奶

奶已经在一旁的菜摊上和人讨价还价了。

阿吉心里盘算了起来，现在知道了两条信息。

1 小明家在小弟弟村子的左边

2 小明家不在河边

按照条件1推测，画个图可以看出，符合条件的村子只有1村和2村。

而按照条件2推测，又可以排除掉1村，所以小明就住在2村！于是阿吉兴奋地将自己的想法说给了小伊。

小伊听了也非常认同，于是二人走进了第二个村子。一进村，他们就知道自己找对了地方，因为夏令营的标志被贴在了村中的大树下。来到这里，阿吉和小伊很快找到了他们的宝藏。

很多题目都会设置提示，所以一个很有效的方法就是顺着这些提示不断地前进和尝试。很多时候缺乏思路会使问题显得无法下手，而顺着提示则可以很快找到思路，然后解决问题。

思维训练 ● 第七关

阿吉和小伊在寻找宝藏的过程中还经历了一场令他们毕生难忘的惊险事件，一群星际强盗流窜至天狼星，绑架了一位天狼星富豪。天狼星的特种部队迅速出发，趁这伙强盗还没有部署完毕迅速行动，打了他们一个措手不及，仓皇逃窜。

然而，特种部队发现了一个更为棘手的情况，这位富豪身上被绑上了C-4炸弹，上面连接着控制器。富豪告诉警方，他们只有一次机会解除炸弹装置，否则炸弹就会爆炸。

情况十分危急，但警方的拆弹专家此时正在另一星球执行任务，无法及时赶回来，而通过远程操作的方式又没有把握。

这件事很快在村子里传开了，阿吉和小伊也听说了，虽然没有经历过如此紧急的情况，但是他们依然决定前往帮忙。

两人很快来到了现场，看到了惊慌失措的富商以及炸弹控制器。

通过观察，同时在拆弹专家的远程协助下，两人很快做出了初步判断。控制器的按键组合采用的是"数字＋英文字母"的形式，数字代表每次移动的步数，英文字母代表方位，只有经过按键连环触发反应，最终按到中间的"★"，炸弹装置才能解除。要想解救富豪，第一个按下去的键到底是哪个呢？

由于富豪听到了强盗们设置炸弹，他们故意将"1L"设置为Bug，如果警方要小聪明，第一步直接选择"★"右侧的"1L"，那么炸弹就将直接引爆。

这可怎么办呢？眼看富豪的情绪越来越激动，必须尽快想办法解除炸

弹才行。

逻辑解析 ●

想要解除炸弹，第一步先要弄清楚规则，这就需要仔细读题干。

- 数字代表每次移动的步数
- 英文字母代表方位
- 不能直接选择"1L"
- 经过按键连环触发反应，最终按到中间的"★"，炸弹解除

第二步需要结合图示分析，控制器是"数字+英文字母"的组合，这就需要先搞清楚4个英文字母的意思：

D——Down（下）U——Up（上）

R——Right（右）L——Left（左）

了解了以上几条规则以及对图示的判断，阿吉已经有了思路，他需要快速锁定除"1L"之外的起始键。

由于只有一次机会，所以在解答这类问题时，可以通过试错法在心里或者纸上快速模拟，直到找出起始键。

答案 ●

1D（第二行、第二列）。1D 是往下走一步，到达 1L。1L 是向左走一步，到达 2D。2D 是向下走两步，到达 3R。3R 是向右走三步，到达 2U。2U 是向上走两步，到达 1L。1L 是向左走一步，到达 ★。

神秘礼物 ●

阿吉会得到一张任务卡，小伊会得到一个新书包。

说明： 选择小伊的玩家可以向父母兑换礼物，也可以选择不兑换，如果不兑换的话，可以折合5个积分。

2.2 逻辑的思考：分类和组合
——服装店里选衣服

两人休息了一会儿，就开始在村里参观，刚好又路过一家服装店，小伊拉着阿吉就往里面冲！服装店老板一边打电话，一边让他的小女儿帮客人找衣服，小姑娘找不到，急得哭了起来。

阿吉见状，赶忙走上去帮忙，他对小姑娘说："小妹妹，让我来帮你吧。"

"我这里的衣服很多，你确定能找出客人要的吗？"老板听了问道。

"应该没问题吧。"阿吉答道。

阿吉一看，店里的衣服确实很多，花纹有波浪的、横条的、竖条的，还有圆点的，有红色、蓝色、绿色、黄色的，还有丝质的和布制，阿吉看了都觉得眼花缭乱，对于自己刚刚说的话有点后悔了。

正在这时，客户的电话又来了，老板赶紧接起了电话。"不要黄色的。"老板一边听着电话一边说。

"什么，还有这种要法？"阿吉心里一阵焦急，怪不得小姑娘会急哭，这些客户的要求还挺高。没办法，阿吉从大片的衣服中把黄色的挑出来放到一旁。

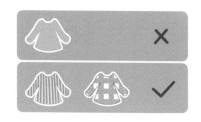

"要竖条和布的。"老板接着说道。

"这些客户要求真多。"阿吉心里虽然抱怨，但是手上可不敢停留，赶紧从剩下的衣服中找出了竖条的，材质是布料的衣服。

"再要一些，丝质的，红色的，圆点或波浪的。"阿吉听了有点头晕，一边在心里默念着老板的要求，一边在衣服堆里找到老板需要的衣服……

忙碌了一下午，终于按照客户的要求完成了任务。老板很满意，小女孩也非常开心，为表示感谢，老板送了阿吉一块天狼星上的化石，阿吉虽然有些累，不过心里还是挺美的。小伊更开心了，因为她买到了自己喜欢的衣服。

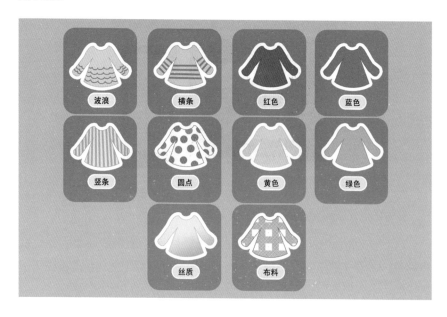

小伊一边和阿吉往回走，一边说："阿吉，听到客户这么多的要求，我还担心你应付不来呢。"

"是的，这些客户的要求可真奇怪，没想到还有人这样选衣服的。"

"你知道吗，不知不觉中，你今天运用了逻辑运算知识哦。"小伊说。

编程词汇

逻辑运算是什么？

逻辑运算又称布尔运算，使用AND（与）、OR（或）、NOT（非）连接表达式之后做出判断，结果是"真（True）"或"假(False)"，最常用的逻辑运算就是帮助计算机根据一件事情的"真"或"假"来做决定。

"什么叫逻辑运算？"阿吉问。

"就是老板不停说地'不''和''或'，在数学上我们称其为逻辑运算。"

"是吗，看来我还挺厉害的嘛！没学过居然也会用，哈哈。"

"是的，'不'其实就是排除后面的条件，'和'就是两个条件同时满足，而'或'就是两个条件满足一个就可以了。"小伊继续解释说。

"其实我们分析问题的时候也是这样，我们知道的是什么？可以排除的又是哪些？哪些需要同时满足？哪些满足任意一个就可以？如果在遇到问题的时候用这样的方式去想一想，很多时候会收到很好的效果哦。"

思维训练 ● 第八关

小伊和阿吉还没走远，服装店的老板就追了出来。

"小朋友，你能不能再帮我一个忙，我家有一个保险箱，但是我忘记了密码，你这么聪明，能不能帮我破译一下？"

阿吉听后很兴奋，说道："当然可以啦！"

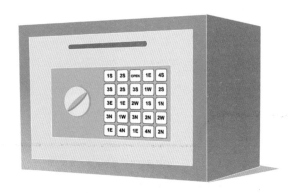

服装店老板说道："我家这个保险箱是经过特殊设计的，一共25个按键，想要打开保险箱，每一个按键都需要按到，最终按下'OPEN'键。需要注意的是，每一个按钮只能按一次，然后就会失去作用，也就是说你只有一次机会。我因为忘记了密码，所以从来不敢尝试。"

"哈哈，这个太简单了，您还没听说吧，我们刚刚化解了一场人质危机，解决的就是此类问题。"

如图所示：按钮上写着的是移动的数量与方向，例如1S，其中S是South（南）的缩写，也就是向南移动1步。

逻辑解析●

第一步先做什么？别急着开始破译密码，而是要了解东南西北的英文单词，并将它们列出来。

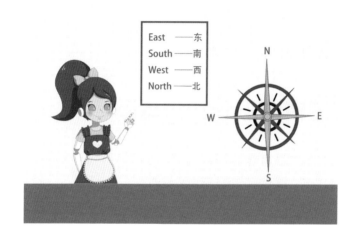

第二步要记住移动口诀：上北下南，左西右东。

接下来的第三步就是解题的关键，要找到关键的起始按钮。阿吉真正尝试时，却发现没有那么容易，他没有想到好的方法，于是只能采用试错法。

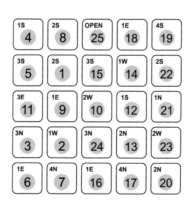

最终，锁定了第二行第二列的"2S"键，一旦找到了起始按钮，很快就可以打开保险箱了。小朋友们，关于如何快速找到起始按钮，你们有什么更好的方法吗？

神秘礼物●

阿吉会得到一个水杯，小伊会得到一块手表。

说明： 如果不兑换，则折合为5个积分。

2.3 逻辑的思考：流程图——自然数游戏

"感觉你说得很有道理，不过，今天的分衣服我觉得还是很简单的，不需要这么复杂的知识。"阿吉略带骄傲地说。

"你说的对，那么我找一个看起来不复杂的问题给你试一试吧。我说一个自然数，你需要回复这个自然数，以下情况除外：

1 如果这个数可以被15整除，回复'开心快乐'；

2 如果这个数可以被5整除，回复'快乐'；

3 如果这个数可以被3整除，回复'开心'，题目你明白了吗？"

"嗯，听起来很容易啊，赶紧开始吧！"阿吉迫不及待地说道。

"好的，开始了，22。"小伊说。

"22。"阿吉回答道。

"27。"小伊接着问。

"开心。"阿吉回答道。

"35。"小伊继续发问。

"快乐。"阿吉继续回答。

"75。"小伊继续问。

"快乐开心。"阿吉回答道，不过他立刻就反应了过来，说道，"不对

不对，应该是开心快乐。"

"哈哈，你的反应还是很快的，不过你发现了吗，即使这样一个简单的问题，如果稍不留心，也是很容易出错的。"

"没错，因为我解题是按照你说的顺序来的，而不是找到答案最优的方法。"阿吉边思考边说。

"我现在就教你一个方法，能够通过图形的方法，来展示我们的思考过程。"

我们先引入三种图像：

1️⃣ 椭圆形，表示问题的开始或者结束；

2️⃣ 矩形，表示我们要做的一件事情，还记得之前说过的指令吗，这

也可以说是一个指令;

⟨3⟩ 菱形,表示我们现在需要做一个判断。

开始/结束
淡红色的椭圆形表示问题的开始或者结束

指令
浅绿色的矩形告诉程序什么时间执行什么命令

判断
浅蓝色的菱形表示在进行下一步之前需要做出判断

"这个很容易理解。"阿吉边点头边说道。

"很好,那我就继续了,接下来,我们用线把连续的步骤连接起来,表示解决问题的步骤。"

阿吉边听边点头。

"如果是从判断出来的,会有两条线,分别表示条件满足和条件不满足的情况。带狗狗去公园后,我们遛狗。"

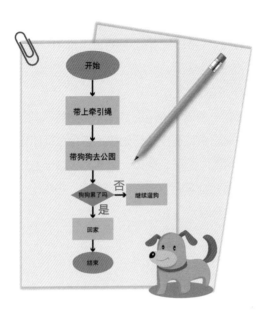

"我好像已经领悟了，我来试试上面那道题，小伊，你看对不对。"

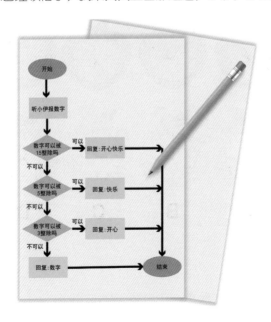

"很好，阿吉一下子就掌握了呢！"小伊看了说道。

"这样真的很好，只要做出了这张图，再难的问题，只要顺着执行，就一定可以得出正确的答案。"

"没错，就是这样的。"

流程图给了我们一个通用的用图景来分步骤展示问题和解决过程的方法，可以帮我们厘清思路，在正式开始执行之前就可以模拟出结果。快来用这个方法分析日常的问题吧，例如，去遛狗要做什么？出门前要注意什么？什么时候可以遛完回家呢？现在就试试吧，多练习，一定会使解决问题的能力产生质的提升哦！

思维训练● 第九关

接下来是一道逻辑规律题，下面的时钟是按照一定规律运行的，根据前3个时钟的规律，能否推理出第4个时钟应该是几点？

A B C D

逻辑解析●

第一步： 先别急着推理，搞清楚罗马数字再说。

1- I	2- II	3-III	4-IV	5- V
6-VI	7-VII	8-VIII	9-IX	10- X
11-XI	12-XII	13-XIII	14-XIV	15-XV
16-XVI	17-XVII	18-XVIII	19-XIX	20-XX

第二步：找规律。可以采用排除法，先从时针分析。

◎ 时针顺时针前进1小时 ◎

图1

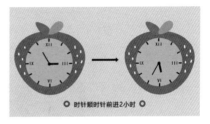
◎ 时针顺时针前进2小时 ◎

图2

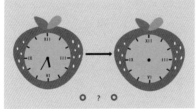
◎ ? ◎

图3

按照这个规律，推出的结果应该是时针顺时针前进3小时。

答案是A，我们再来通过分针验证一下。仔细观察，分针的变化是逆时针方向的。

图1　　　　　　　　　　　　　　　　图2

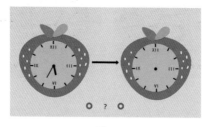

图3

按照这个规律，第4个时钟的分针应该是逆时针后退30分钟，答案也就出来了。

　　阿吉会得到一张任务卡，小伊会得到一张任务卡。

2.4 分解和组合——注水问题

　　小伊和阿吉继续在村子周围闲逛，忽然发现前面的小广场非常热闹，人山人海，两个人挤进去一看，原来是外村来的一个学者在向当地村民发起挑战。只见他将一壶水倒入了一个连通的玻璃管，然后对台下的人说："往水管里注水，当水管被分成两支时，水量也被平均分成两份，从两边分流下来。请问，谁能说出来左边第三个杯子里会有多少水？"

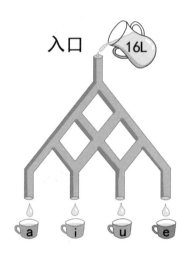

　　"这还不容易吗，"台下的村民们非常踊跃，"肯定是1/4啊，一杯水倒下去，4个口流出来，肯定是一样多的嘛。"

　　见到大家如此确信，阿吉却有些担心，担心大家会被骗，于是陷入了沉思。小伊见状说道："你是怎么想的，说给大家听听吧！"

　　阿吉点了点头，说道："大家不要急着下定论，听听我说的对不对。

其实我们不用这么快得出结论，可以顺着水流，在每一个分叉或者交汇的地方计算总水流，这样就可以得出结论了。首先如果是汇合，那么总的流入水量就是2条流入之和，而如果分叉流出，那每个流出就是总流入的一半，就像这张流程图。"

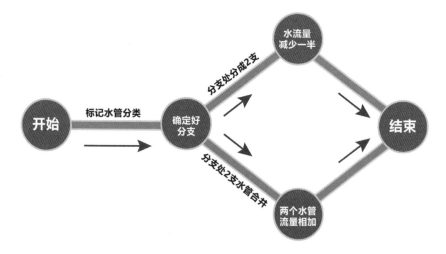

接下来，我们可以先把水流分支标记出来，并且标上号，比如用小红圆圈〇标记；然后看一看每一个分支是被分成两支水流还是有两支水流交汇。

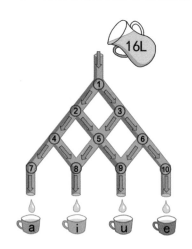

这样就很容易计算了。点比较多，我们做成表格，结果就是这样。

流入点	流出点	流出水量
1	2	1/2
1	3	1/2
2	4	1/4
2	5	1/4
3	5	1/4
3	6	1/4
4	7	1/8
4	8	1/8
6	9	1/8
6	10	1/8
5	8	1/4
5	9	1/4

"我把多条流入的汇合点都用颜色标了出来，比如5点，由2和3各自流入1/4，总流入水量是1/2，所以当它流出到8和9的时候，分别是1/2的一半，也就是1/4，这样就不会出错了。"

"我们做一下加法，7和10点都是1/8，而8和9点都是1/8+1/4，也就是3/8。看吧，并不是大家想的都一样多呢。"

大家听了阿吉的讲解都很信服，外村学者眼看被大家拆穿了自己的计谋，灰溜溜地走了。

"阿吉，你今天的解答好流畅啊。"小伊不由赞叹道。

"因为你之前教我的流程图我觉得很好用，就试了一下，没想到真的很清楚呢，虽然不是完整的流程图，但是顺着同样的思路，把每一步弄清

楚，就一下子得出了答案，比我想的还容易。"阿吉回答道。

"没错，就是这样，用画图的方法可以帮我们厘清思路，从而快速地找到答案。"

思维训练 ● 第十关

大脑经过了前面9关的急速运转，想必大家都已经很累了，这一关我们放松一下，做一个脑筋急转弯的训练。请听题：

某人将一条金鱼放进开水里，30分钟之后鱼竟然没有死，请问这是为什么？

提示词：开水

逻辑解析 ●

脑筋急转弯这类题目，一定要跳出常规的逻辑。如果有提示词，一定要重点分析并以此作为切入点。

提示词是"开水"，很多小朋友的思维就会被限制住了，滚烫的沸水当然不可能养鱼了，然而煮沸之后逐渐变凉的开水则可以。

金鱼被放进凉白开中当然不会死喽。

神秘礼物 ●

阿吉形象值+1，小伊智力值+1。

说明： 无论这道题答对与否，看到答案之后哈哈大笑，也从某方面提升了幽默感，因此阿吉形象值+1，小伊智力值+1。

2.5 竖式推理——山洞口的古老算式

小伊和阿吉来到山洞口，营长说，这个山洞口刻着古老的算式，任何人想要进入山洞，都需要计算出算式才行。

阿吉抬头看着算式，这是一道用竖式做数学计算的图，图是这样的。

阿吉一看就觉得有点头晕，对小伊说："小伊，这里这么多符号，我看着就眼晕，谁知道都是些什么数字啊，你快帮帮我吧。"

"你不是很爱动脑筋吗，快看看，找找都有什么特征。"

"看什么特征啊……奇数偶数吗，还是大小？都看不出有什么规律啊。"阿吉一脸无奈。

"你看题目，是不是2个3位数加起来变成了1个4位数？"小伊问。

"是啊，然后呢？"阿吉还是不解，不过小伊没有再说话，只是看着他。阿吉无奈，一边看着算式，一边重复着刚刚小伊说的话，"2个3位数，变成1个4位数。"

突然，他有了灵感，大声说道："我知道了！这个4位数的千位一定是1，所以三角就是1。"

"为什么啊?"小伊问道。

"很简单啊,"阿吉一脸得意,"2个最大的3位数999加起来也还是1000多啊,所以第一位一定是1。"

"这样的话,从十位的计算来看,两个三角相加就是1+1=2,所以方块等于2,百位上圆加方块=11,所以圆是9,这样3个符号代表的数字就都知道了。"阿吉继续得意地说道。

"你验算一下试试?"小伊提醒道。

"这还用验算?"虽然嘴上这么说,但阿吉还是动手算了起来,"912+219=1131。"

"咦,怎么是1131,不是1121?"阿吉惊讶道。

"千位上你的推理是完全正确的,所以三角是1,没问题。"小伊说道,"接下来呢?"

"接下来看十位上,1+1不是2吗?"阿吉疑惑地说,突然他叫了起来,"原理是进位!百位和个位都是方块+圆,百位上进位了,十位也进位了,所以十位上是三角+三角+1=方块。"

十位：▲ + ▲ + 1 = ■

"这样，就可以轻松推出方块是3，圆是8。再验算一下，813+318=1131，这下就没问题了!"

8 ● 1 ▲ 3 ■

+ 3 ■ 1 ▲ 8 ●

——————

1 ▲ 1 ▲ 3 ■ 1 ▲

8 ● 1 ▲ 3 ■ + 3 ■ 1 ▲ 8 ● = 1 ▲ 1 ▲ 3 ■ 1 ▲

刚好营长在边上听见，说道："恭喜你，小朋友，你可以进入洞中了。"

这类数字类的推理，都需要对数字的加减乘除非常熟悉，所以基本的算术计算练习对每个孩子都是需要的，但练习的基础是理解，练习算数一定要在理解的基础上进行。在此基础之上，细致地观察，通过分析找到突破口，不要被算式中诸多的符号所迷惑，就可以快速找到答案。不要忘了验算，此类题目很可能会设下陷阱迷惑你，就像本题的进位一样，验算可以帮我们最终检验结果。

思维训练 ● 第十一关

"小伊。"

"怎么了?"

"我想吃糖了。"

"妈妈说过，让我看着你，不让你吃太多糖，否则牙齿该坏了。"

"求求你了，给我一块吧，我现在特别想吃糖。"

"嘻嘻，也不是不可以，你要是能答对下面这道题，就奖励你一块糖。"

"没问题，请出题吧！"

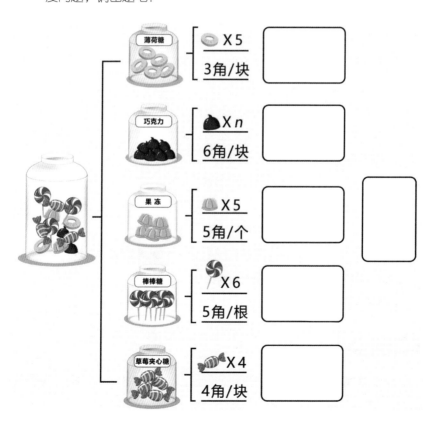

"现在非常流行思维导图，上面是一张括号图，也是8种经典思维导图之一。括号图是用来理解整体与局部的关系，在这里我进行了相应的延伸。如图所示，左边的零食罐表示整体，右边第一分支分别是5种不同的零食，第二分支则是每种零食的价格和剩余量，接下来就要考查你的数学思维能力了。假设你手里有 9.5 元，请问你最多能购买的零食总数是多少？并将答案填在上面的思维导图中。"

逻辑解析●

薄荷糖还剩下 5 块，3 角 / 块，总价 1.5 元

→ 9.5 元 −1.5 元 =8 元（手里还剩 8 元）

巧克力还剩几块不知道，最后再处理

果冻还剩 5 个，5 角 / 个，总价 2.5 元

→ 8 元 −2.5 元 =5.5 元（手里还剩 5.5 元）

棒棒糖还剩 6 根，5 角 / 根，总价 3 元

→ 5.5 元 −3 元 =2.5 元（手里还剩 2.5 元）

草莓夹心糖还剩 4 块，4 角 / 块，总价 1.6 元

→ 2.5 元 −1.6 元 =0.9 元（手里还剩 0.9 元）

好了，到这一步你还剩 0.9 元，而巧克力是 6 角 / 块，也就是说只能买 1 块巧克力了。

因此，阿吉一共能购买的零食总数是：5 块薄荷糖 +1 块巧克力 +5 个果冻 +6 根棒棒糖 +4 块草莓夹心糖 =21。

【答案】21。

神秘礼物●

阿吉会得到一张野生动物园的门票，小伊会得到一张海底世界的门票。

第三章

执行吧，
构筑思维框架

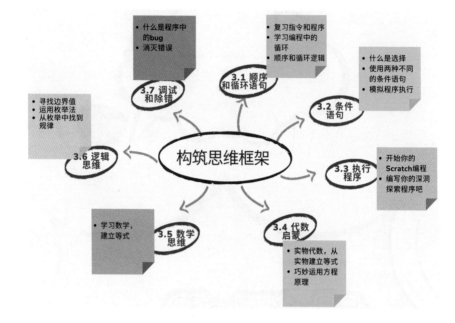

- 什么是程序中的**bug**
- 消灭错误

- 复习指令和程序
- 学习编程中的循环
- 顺序和循环逻辑

- 什么是选择
- 使用两种不同的条件语句
- 模拟程序执行

3.7 调试和除错

3.1 顺序和循环语句

3.2 条件语句

- 寻找边界值
- 运用枚举法
- 从枚举中找到规律

3.6 逻辑思维

构筑思维框架

3.3 执行程序

- 开始你的**Scratch**编程
- 编写你的深洞探索程序吧

- 学习数学,建立等式

3.5 数学思维

3.4 代数启蒙

- 实物代数,从实物建立等式
- 巧妙运用方程原理

3.1 顺序和循环语句——狭小的山洞

解开了最后的谜团,终于可以进入山洞了,阿吉兴奋不已,立刻带着小伊进入山洞。

不过山洞里面的空间非常狭小,阿吉觉得这么小的洞,自己根本就爬不进去。小伊见状说道:"不如让我进去吧,我切换成探索模式,体型会很小,进入这个洞里面应该没有问题。"

"小伊愿意帮忙,那当然太好了!"阿吉兴奋地说。

"哦对了,先别激动,我忘了,这次夏令营的规则,机器人是不能应用人工智能技术自主行动的。"小伊说道。

"你不能自主行动,又不能使用人工智能,看来我们无法拿到里面的宝藏了。"

"对了，你可以编写一个程序来指挥我啊！"小伊灵机一动地说道。

"对啊，但是我并不会编程啊，你教过我什么叫指令，什么是流程，但是并没有教我怎么用程序指挥你行动啊。"

"没关系，这里用的指令很少，应该只需用到'前进''转弯'这些指令，重要的是如何给我编写一个完整的程序，从而让我能走到宝藏的位置。也就是说，你需要给我设定每一个行动的步骤。"

"嗯嗯，就像前两天说的，找到一个流程，然后用对应的指令发给你就行了。"

"就是这样，指令很简单，主要用到前进、左转、右转，你看看图就能找到这些指令了。"说着小伊在自己的屏幕上显示了这几个指令。

移动 50 步	右转 ↻ 90 度	左转 ↺ 90 度

"嗯嗯，一看就明白了。"阿吉点头说道。

"接下来就是重要的部分了，要指挥我并不是一条一条发指令给我，而是一次性把整个'程序'——也就是一系列要执行的命令发给我，然后我就开始执行，直到执行完所有的命令。"

"现在我们要进入山洞，你需要发出移动的指令，如果碰到墙就需要转弯，就像这样。"

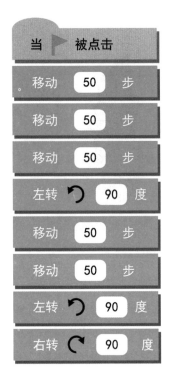

"嗯，这个也不难，就是按照顺序，把需要的指令一个个连接起来就可以了。"阿吉说道。

"嗯嗯，就是这样的。"

"不过我有一个问题，这样不是很麻烦吗，你每走一步我都需要发一个指令，那不是太麻烦?"

"你这个问题提得很好，计算机特别擅长做重复的事情。一遍一遍地

写重复的指令确实很麻烦，所以人类发明了一个非常实用的控制方式——循环。"小伊回答道。

"循环的目的，就是让循环的内容重复做很多次，就像下面这样。"

"左边的循环会一直执行下去，而循环的内容就是移动两次然后左转，执行起来的效果就是：前进前进左转，前进前进左转，前进前进左转，这样持续地执行下去。右边，我们指定了循环的次数，所以三条指令的组合会执行总共10次。"

"原来是这样的，这样还好，不然一直发命令就要累死了。"阿吉说道。

"这样程序的总体结构就很清楚了吧？"小伊问道。

"顺序和循环我肯定没问题的，但是还有一个严重的问题：这个洞里面如果不是一条直线，虽然我可以指挥你转弯，但我怎么才能知道什么时候需要转弯呢？"

思维训练 ● 第十二关

在这么长时间的逻辑思维训练之后，让我们放松一下，练习一下观察力。接下来是一个找不同的游戏，画面中一共有10处不同之处，看看你能在多长时间内搞定它们。

第一本编程思维启蒙书

【答案】

神秘礼物

无论对错，阿吉和小伊都会得到一次去公园放松的机会。

说明： 这一关不仅费脑，还很费眼，所以无论这道题答对与否，都可以让父母陪自己去公园散散步，看看绿植，呼吸一下新鲜空气。放松回来后，再投入高强度的脑力训练中。

3.2 条件语句——什么时候转弯

"阿吉，你这个问题也问的特别棒，这个时候就需要告诉计算机，遇到不同情况的时候做不同的事情，然后当计算机遇到情况时，就可以根据条件的不同决定要做的事情了。"

小伊继续回答道，"这些判断，我们称为条件语句，就像这样。"

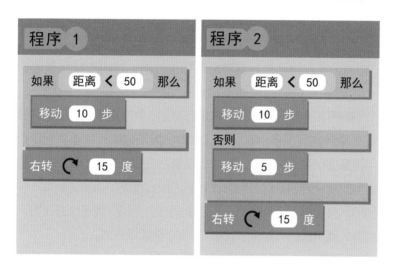

"我选了两种不同的条件语句，你能看出有什么不同吗？"

"嗯，应该是这样的，左边的程序会判断距离，如果小于50，就会向前移动10步，完成之后会执行后面的右转。而右边的程序不一样，同样小于50，会向前移动10步，而如果距离不是小于50，也就是说距离大于或者等于50的时候会移动5步，完成之后同样会执行右转。所以当距离大于或等于50的时候，两边会执行不同的步骤，画成图就是下面这样。"

"没错，当条件不满足的时候，右边的程序会执行一个不满足时的命令，而左边的程序不满足就什么都不会执行。"小伊说道。

"但问题是，计算机可以通过什么条件来做判断呢？"阿吉接着问。

资源下载码：223216

	条件（距离）	执 行	说 明
程序 1	< 50	1. 前进10 2. 右转	
	> = 50	1. 右转	
程序 2	< 50	1. 前进10 2. 右转	和程序1相同
	> = 50	1. 前进5 2. 右转	和程序1不同

"阿吉，我发现你最近观察问题特别仔细，经常能找到最重要的地方。"小伊称赞道。

"计算机可以通过不同的信息来做判断，比如像刚才我们用的循环，可以记录循环执行了多少次，用这样的次数来判断；或者我们做数学运算，用运算的结果来做判断；还可以查看系统现在的时间，就像你看手表一样，用时间来判断。这些都靠计算机内部信息就可以了。还有一种是通过外部的信息，像我搭载了光学识别设备和麦克风，就可以通过检测到的颜色或者听到声音的强弱来做判断。"小伊继续解释道。

"原来是这样的，看起来电脑和人是很像的嘛！这个就像你的眼睛和耳朵一样，跟我在路上看见红灯会停下一样，只要告诉你看见红灯该怎么做，你也会同样停下来，对吧？"

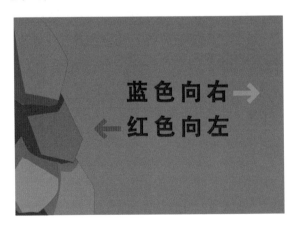

"完全正确！"小伊竖起了大拇指。

"那进了山洞，我们要如何判断？"

"你看"小伊指了指洞口边上，原来这里刻了一行小字，"蓝色向右，红色向左。"

"这个意思是说，如果看见蓝色就向右转，看见红色就向左转吗?"阿吉问道。

"我猜应该就是这个意思吧，我们可以先试一下，如果有问题再调整吧。"

思维训练 ● 第十三关

"我有点累了，小伊我们休息一下吧，你出一道题考考我。"

"好吧，让我查查资料。请听题。"

很久以前，一个天狼星的男孩要去很远的地方，途中经过一条河流，刚好遇到两只羊和一头狼。小男孩很快征服了这头饿狼，留着它在身边防身，同时也要带着两只羊，这样就不用担心挨饿了。

男孩在河边发现了两条小船，每条船只能容下一个人和一只动物。他遇到了一个棘手的问题：如果单独留下两只羊中的一只，狼就会吃掉它们。

请问要怎么样才能保证将羊和狼一起安全带到河对岸呢?

逻辑解析●

第一趟：小男孩+狼过河，留下羊1号和羊2号，之后独自返回。

第二趟：小男孩带羊1号过河并带着狼一同返回，留下羊1号。

第三趟：小男孩带羊2号过河，并独自返回。

第四趟： 小男孩带着狼再度过河。

神秘礼物 ●

阿吉会得到一张好运符，小伊会得到一张好运符。

3.3 执行程序——深洞探索

"那么我就开始写程序了哦。"阿吉说。

"快开始吧，我也想看看阿吉的实力呢。"小伊说。

"首先，当你站在洞口的时候，面向前方，需要向前走，也就是前进。"

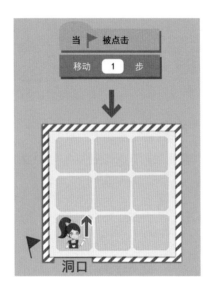

"前进之后，你就到了下一个格子，还是面向前方，就像这样。"

"这时我们要按照门口说的那样,检查一下这里是蓝色还是红色,所以代码应该是这样:"

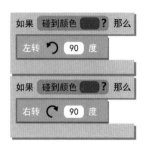

"执行这句指令之后,根据颜色的不同会变成下面几种情况,颜色不同,面向的方向就不同。"

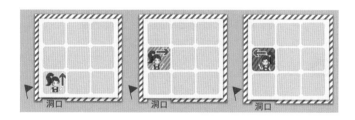

"接下来让我想想,只要重复之前的步骤就可以了,直到找到宝藏为止!就是这样喽。"

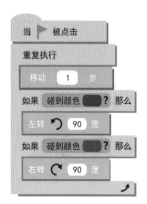

"小伊，快出发吧，我等不及想看到宝藏了。"

"好的，马上出发。"小伊变成了探险形态，进入洞中按照阿吉的程序开始执行。很快洞中传来了欢快的音乐，小伊果然成功找到了宝藏。

小伊根据走的路线画出了洞中的地图，小朋友们快来试试吧，看看你们的程序对不对。

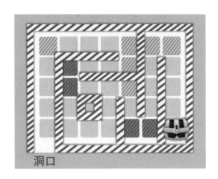

洞口

思维训练 ● 第十四关

不一会，小伊带着一个藏宝箱走了出来。"快打开，快打开!"阿吉兴奋地大喊。

咦，怎么回事? 藏宝箱居然有密码!

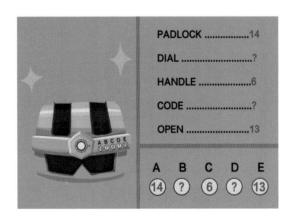

小伊在藏宝箱背面看到了一行文字，"想要打开保险箱，需要在'？'处填上相应的数字。"

逻辑解析 ●

乍看起来没有头绪？不要紧，先把英文翻译过来：

- PADLOCK 挂锁
- DIAL 表盘
- HANDLE 把手
- CODE 密码
- OPEN 打开

对于这类谜题，只要找到规律，就可以轻松得出答案。然而在线索并不明显的情况下，还需要拥有不错的观察能力，不能放过任何细节。

如图所示，线索中只有英文单词与数字，遇到这种情况，可以将字母表列出来，通过可视化的效果寻找规律。

这时我们再来从单词这块找规律：

PADLOCK……14

DIAL……？

HANDLE……6

CODE……?

OPEN……13

因为没有其他线索，一般是围绕"A"展开联想，仔细看看上面的字母表，从PADLOCK这个单词的首字母，也就是"P"→"A"，恰好中间有14个英文字母！

天哪，真不容易，终于发现了一个所谓的规律，接下来可以进行验证：

•HANDLE 6，H→A，中间有6个英文字母

•OPEN 13，O→A，中间有13个英文字母

Bingo！（答对了），看吧，这就是规律，所以答案就是：

•DIAL 2

•CODE 1

神秘礼物●

阿吉会得到一张心愿卡，小伊会得到一张心愿卡。

说明：抽到心愿卡后，可以向父母提出一个合理的愿望。

3.4 代数启蒙——宝石有多重

藏宝箱终于被打开了，里面放着3台精密的天平，3台天平分别放着不同颜色的宝石，前两台是平衡的，最后一台是不平的，箱子里还散落着一些蓝宝石。

看见这样的情况，阿吉说道："看来这是要让我们把天平放平呢。"

"我觉得也是，那快来试试吧。"

"每台天平用的宝石都不同呢，我得想想办法。"阿吉回答道，"箱子里就只有蓝宝石了，所以需要用蓝宝石来把最后的天平也配平。根据第一台和第二台天平得出的结论是这样的。"

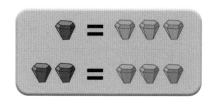

阿吉一边看着列出的结论一边说："两行都有红宝石，看来得用红宝石来做桥梁，找到蓝宝石和绿宝石的关系。但是两行的红宝石又不一样多，我先把它们变成一样多的，所以就是这样。"

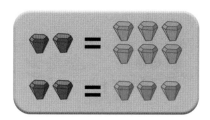

"接下来就可以进一步得出结论。"

"所以现在只要在第三台天平放上2颗蓝宝石就行了！"阿吉兴奋地说。说着就把2颗蓝宝石放在了第三台天平的右侧。果然，第三台天平也变得平衡了。

营长在边上看到了阿吉的操作，对阿吉竖起了大拇指："恭喜你，阿吉，你成功通过了第一关的挑战！"

这是一道代数启蒙题，通过这样的方式，可以引入方程的概念，以及方程连等的直观感受，帮助孩子较快地掌握方程的核心理念和解方程的基本方法。在正式开始学习方程代数之前，*x*、*y*、*z*这样的符号很容易让孩子感到迷惑，而这种用实物来引导的方法可以帮助他们快速进入状态。

思维训练● 第十五关

"平衡的题目还挺有意思，小伊再出一道题吧，我还没玩够呢。"阿吉兴奋地说道。

"好吧，我的资料库里刚好有一道题，请看下图。"

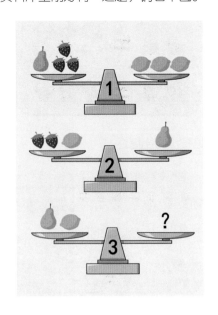

仔细观察3台天平，然后写出"？"处的答案。

先来看第一台天平：

再来看第二台天平：

第三台天平：

很显然，根据等式，我们只需要分别算出1个梨等于几个草莓，一个柠檬等于几个草莓，就可以计算出"？"处的答案了。

我们把第二台天平的公式代入第一台天平：

推出：

也就是说，1个柠檬=2.5个草莓。

接下来，我们把第二台天平的等式代入第三台天平：

把柠檬替换为草莓：

因此，♀ =7个草莓。

神秘礼物 ●

答对题目，阿吉会额外增加5分，小伊会额外增加5分。

3.5 数学思维：彩虹鸟有几条腿

"恭喜走出山洞的小朋友，今天的比赛结束了，我们邀请大家一起去参观天狼星的动物园。"

"看，这就是天狼星上，或者说是已知星球上最神奇的动物之一——彩虹鸟，"小伊指着前面的一对鸟说道，"你看它们有几条腿?"

"不是两条吗？"阿吉话音未落，"咦，原来雄鸟有2条腿，雌鸟有4条腿呢！"

"哥哥，哥哥，这些鸟跑得太快了，我数了半天也没搞清楚有几只雄鸟、几只雌鸟呢，只知道一共有11只鸟，32条腿。"阿吉和小伊正在感慨彩虹鸟的神奇，旁边传来了稚嫩的声音，一个天狼星的小朋友正一脸期盼地对阿吉说。

"哈哈，小弟弟，我也数不清楚了，看得我眼都花了，不过啊，我可以教你一个办法，可以很快算出来哦。"

"哥哥，那你赶快告诉我吧。"小朋友开心地说道。

阿吉拿起了一根树枝，边说边在地上画了起来。

"我们知道一共有11只鸟，有雄有雌，所以呢，就是雄+雌=11。"

"我们还知道，雄的有2条腿，雌的有4条腿，所以呢，雄×2+雌×4=32，总共有32条腿。我们来解一下这个方程，用x和y分别代表雄鸟和雌鸟。

$x+y=11$

$2x+4y=32$

所以方程的解就是$x=6$，$y=5$，也就是说，雄的有6只，雌的有5只。

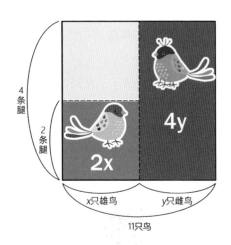

"哥哥你好棒，一下子就算出了结果。不过，你说的方法我都明白，但怎么解这个方程我就不明白了，教教我吧！"

思维训练 ● 第十六关

正当阿吉要给小朋友讲解的时候，发生了一件有趣的事。新复仇者联盟的四位超级英雄组团来天狼星参观动物园了，他们这次是跟团游，报团的分别是蜜蜂侠、土豆侠、乒乓侠和熊猫侠。

"哇，看来最近地球比较太平，这些超级英雄来休假啦。"阿吉说道。

只见四个人都戴着一顶有趣的帽子，小伊突然意识到自己的资料库里面有一道逻辑训练题，于是稍加改编，想要考验一下阿吉。

"阿吉，四位超级英雄如下图所示排队站好，其中：

· 蜜蜂侠能看见土豆侠和乒乓侠；

· 土豆侠可以看见乒乓侠；

· 乒乓侠看不见任何人；

· 熊猫侠也看不见任何人。

他们知道一共有4顶帽子，2黑2白，但并不知道自己头顶的帽子是什么颜色。请问谁会是第一个知道自己头顶帽子是什么颜色的人？"

逻辑解析 ●▶

土豆侠将会是第一个知道自己帽子颜色的人。具体推理如下。

蜜蜂侠能看见土豆侠和乒乓侠，如果2和3是同样的颜色，那么他就会知道自己的帽子是另外一个颜色。

但如果土豆侠和乒乓侠的帽子是不一样的颜色，他就无法确定自己头上的帽子是什么颜色。

基于上图中四个人的排列顺序以及头顶上帽子的颜色，我们可以推论出：蜜蜂侠无法第一个知道自己帽子的颜色。

那就说明土豆侠和乒乓侠的帽子是不一样的颜色。那么，土豆侠可以看见乒乓侠的帽子是白色，就能迅速推断出自己的帽子是黑色。

神秘礼物

阿吉会得到一张求助卡，小伊会得到一张求助卡。

3.6 逻辑思维：彩虹鸟有几条腿

做完游戏后，阿吉准备继续给小朋友进行解答，这时小伊插进来说道："是的呢，因为你还没有学过方程，我教你一个简单快速的计算方法吧。"

"太好了，快告诉我吧。"小弟弟急切地说道。

"我们知道一共有11只彩虹鸟，如果都是雄鸟，会有多少条腿呢？"小伊问道。

"那当然是22条了！"

"对的，我们把它写下来，然后接着往下写，就像这样，每次增加一只雌的，减少一只雄的。"于是小伊和小朋友一起在地上写下了如下表格。

🐦 雄	🐦 雌	🦅🦅 腿
11	0	22
10	1	24
9	2	26
8	3	28
7	4	30
6	5	32
5	6	34
4	7	36
3	8	38
2	9	40
1	10	42
0	11	44

"所以呢，答案就是雄6，雌5。"小朋友兴奋地说道。

"是的。"阿吉开始有点看不上小伊的方法，因为他知道，小伊是一台电脑，做运算对她来说实在太容易了，所以有的时候会用一些简单粗暴的方法来解决问题。不过这一次，阿吉看到他们一起只用了不到2分钟，便干净漂亮地解决了问题，似乎并不比他列方程、解方程慢，也只好自我宽慰，心想，"这次不过是因为数量比较少吧，当有成百上千的时候，也只有靠电脑了！不过数量少的时候还真好用。"

正当阿吉心里还在和小伊较劲的时候，一直看着表格的小弟弟突然又叫了起来："我发现了一个更好的方法！"

"真的吗？快说来听听！"阿吉和小伊异口同声地说道。

"你们看这个表格，看右边的这两列，它说的是雌彩虹鸟和腿数的关系，如果是0，总腿数就是22。"

雌	腿
0	22

小弟弟接着说："从这个表中我们可以知道，每把一只雄鸟替换为一只雌鸟，就会增加2条腿，我们知道有32条腿，所以只要用32-22=10，然后10÷2就得出了雌鸟有5只，所以雄鸟有6只，你们说对不对？"

"这可真是一个好方法呢！又快又方便，连笔都不需要。"阿吉和小伊一起由衷地称赞道。

鸡兔同笼是中国古代的数学名题之一，大约在1500年前，《孙子算经》中就记载了这个有趣的问题。从思考的直观性来说，抛开x、y这样的符号，列方程是最直观的方法，因为它和我们正常思考顺序是一致的，但最终得到答案需要解一个二元一次方程组，所以我们通常不会让小学生用这个解法。

所以我们通常会教孩子用类似故事中的小弟弟自己发现的这个算术方法来找出答案，但这个算法中用到了一个不直观的起点"如果都是雄鸟有多少条腿"，和一个并不容易想到的推论"每把一只雄鸟替换成一只雌鸟就增加2条腿"。对一个3~5年级的孩子来说，自己能同时发现这两点并不是一件容易的事情，所以最终演变成了我们教孩子怎么去解，把一个探索

编程词汇

什么是枚举？

枚举就是将问题所有可能的答案一一列举。

和学习的过程转换成了一个记忆的过程（这也是很多培训机构最喜欢做的一件事情），当下次遇到类似的问题时孩子未必能自己推导出来。

所以这里给大家用电脑引入了一个"粗暴解法"，直接列出所有的可能性，然后从中找到我们想要的，这个方法在计算机科学中有一个名词叫作"枚举"，也就是列举所有可能的意思。

从直观角度来说，它并不比列方程差，而计算结果的过程孩子可以自己推导。同时，当孩子完成这张表时，可以很容易地从数字中发现算术方法中的两个难点，所以它是一个看起来笨（因为要做很多额外的计算），但却可以帮助孩子建立推导能力的好方法。在孩子5~11岁这个抽象思维逐渐建立的时期，这样的游戏会大幅提升孩子的逻辑能力和计算思维，教会孩子真正地思考。

思维训练 ● 第十七关

阿吉和小伊来到一家商场闲逛，看到了3个彩色小人，他们正在商场购物，三个人手里分别拿着几张优惠券。小绿人给了小红人6张，小红人给了小蓝人4张，小蓝人又给了小绿人3张优惠券，如下图所示。

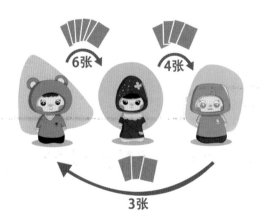

这时他们手中优惠券的数量是：

"小伊，他们三个人这一通操作是什么意思？"

"哈哈，先别管这个，我问你：小绿人最初有几张优惠券？"

逻辑解析

第一步：三个人最初的优惠券数量都不知道，要计算小绿人最初有几张优惠券，所以先假设小绿人最初有X张。

第二步：小绿人给了小红人6张优惠券之后。

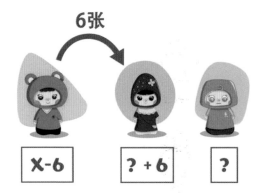

第三步： 小蓝人又给了小绿人3张优惠券之后，小绿人手里的优惠券数量为5张。

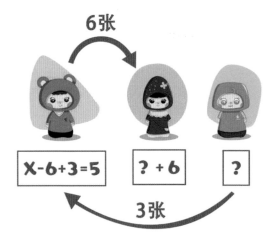

根据上面的等式，计算出：$X=8$。

看似很复杂的问题，借助可视化工具思维导图进行分析之后，就变得非常清晰了，小绿人最开始有8张优惠券。

神秘礼物

阿吉会得到一双新鞋作为奖励，小伊会得到一张任务卡。

3.7 调试和除错：bug与飞蛾

离开了动物园，阿吉一边走，一边若有所思。小伊看见了阿吉的表情，于是问道："阿吉，你在想什么呢?"

"我说了你可不准笑啊!"阿吉说道。

"当然不会了，快说吧。"

"我在想电脑好像比人强很多呢，因为你们可以进行无数次的尝试，从而得出正确的答案。"阿吉说。

"你说的是有点道理的，要是单论计算能力，那么人类是永远比不过电脑的。不用说如今日新月异的电脑技术，即使是70多年前世界上第一台计算机，也能每秒钟计算5000次，远远超过任何人类。但是你不要忘了，电脑解决问题的思路都是人类设计的，所以电脑究竟能解决多复杂的问题，最终还是看人类的思想有多远。"小伊回答道。

"你说的对，不过在这个过程中人类具体做了什么呢?"阿吉继续疑惑地问道。

"首先人类要设计出一个算法让电脑去算，其次当算出的结果和我们预计得不一样时，人类要去解决这个问题。在计算机中，我们把它称作除错，英文是debug。"

"bug? 这不是'虫子'的意思吗?"阿吉好奇地问。

"没错。因为世界上第一个除错的人，真的是除了一只虫。当时的电脑都是用巨大的电子管制作的，一台电脑足足有半个篮球场那么大。有一次计算出了错误，一位名叫Cooper的程序员就去寻找发生错误的原因，结果发现一只飞蛾粘在了电子管上，于是Cooper将这只飞蛾取下夹在了本子上，并记录下来。从此以后，所有电脑上的错误都被称为bug，而找错误的过程被称为debug，也就是除错。"小伊回答道。

"哇，原来这么有意思啊，那通常什么样的情况会产生错误呢?"阿吉追问道。

"原因很多啦，其实跟你平时做数学题差不多。有的是因为不仔细弄错了计算的单位，比如说当年美国探索火星的飞船，在进入火星大气层之后坠毁了，调查发现，原来是把英制单位当作国际单位来计算，才导致了这么重大的事故。又或者是逻辑写得有问题，例如之前我们计算有多少只腿的问题，如果这个问题是没有解的，人类很容易看出来，比如腿数是一个奇数，但电脑只会按照设定的程序一直执行下去，如果设计有问题，它是不会停下来的，那可是一个大麻烦呀。"

"嗯嗯，你说得很有道理，那怎么才能避免出现这些麻烦的bug呢？"

"其实任何人在写程序的时候都不可能不出错，预先想好方案和流程是写出正确程序的第一步，同时也需要想办法找出现有的错误，所以大家设计了一套用来检测错误的方法，它就是测试。现在的程序都会经过多人的、不同方式的测试，有的尽可能测试每一行代码（我们称为单元测试），有的则完全不看代码，而只测试软件的功能（系统测试），所以出现错误的可能性是比较低的。"

"哦，原来是这样子啊，看来要当一个好的程序员并不是那么容易的事呢，看来我也该认真学习找到错误的办法，这样考试都不容易出错了呢！"阿吉一脸兴奋地说道。

很多时候，孩子在考试以及平时写作业的过程中都会出错，并不是因为他们不会做这道题，而是因为各种各样的原因导致出错。这个时候，家长要让孩子从头开始检查自己的计算过程，在这个过程中他会发现自己在哪些地方容易出错，对以后的改进有很大的帮助。

思维训练 ● 第十八关

"阿吉，接下来我们放松一下，我给你出一道逻辑题，考考你的观察力与逻辑联想能力。"

逻辑解析 ●

这种题目首先考查的是观察能力，只要找到了规律就会很容易解答。仔细观察前两个图就会发现，指针所指的数字构成了每个时钟代表的数值。

时针的数字在前，分针的数字在后，相加得出结果。

第一个图：122+123=245

第二个图：81+510=591

从而推出第三个图的答案：26+121=147。

这道题容易出错的地方有两个点。

第一，时针与分针混淆，比如下图，有些读者就会误认为是"105"，这样就无法得出正确答案，从而给自己增加难度。

第二，按照时间计算数值。例如第一个图，12:10，换算为分钟就是12×60+10=730分钟，不过很快就会发现不成立，从而放弃这个思路。

神秘礼物 ●

阿吉会得到一张求助卡，小伊会得到一个笔记本。

第四章

进阶挑战——
成为编程高手
之路

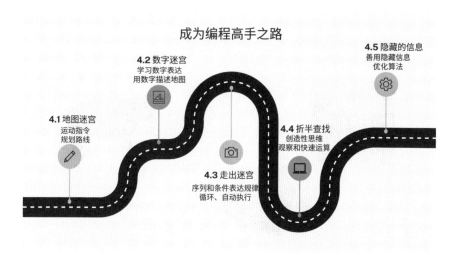

成为编程高手之路

4.1 地图迷宫
运动指令
规划路线

4.2 数字迷宫
学习数字表达
用数字描述地图

4.3 走出迷宫
序列和条件表达规律
循环、自动执行

4.4 折半查找
创造性思维
观察和快速运算

4.5 隐藏的信息
善用隐藏信息
优化算法

4.1 危险的地图迷宫

夏令营的比赛继续进行，这一天所有的小朋友被带到了一个山洞口。

　　"各位参赛者！"赛事的组织者用他独特的大嗓门喊道，"今天我们需要做的是穿越眼前这个山洞。这个山洞里有河、有石头，还有熊，以及其他你想象不到的动物，今天我们的任务就是要安全到达出口，这样就算成功了。不过要记住，山洞里是接收不到信号的，所以你只能给机器人设定一次程序。如果这一次程序没有成功，那机器人可能就会被鳄鱼吃掉了。"

说完，组织者为每人发了一张地图，"这就是山洞的地形图，大家准备好了就可以出发了。"说完，他就转身离开了。

阿吉看着手中的地图，不禁笑出了声："这还不容易，不就是走迷宫吗？我最擅长了。这么一个小迷宫，我3岁就能走出来。"

"阿吉，你搞错了吧，不是让你走，而是你写程序让我走。"小伊看着阿吉得意的样子，有些不满地说道。

"哦，哈哈，知道了，不用担心，我现在就给你设定程序。"

阿吉一边在地图上画着，一边说着他的思路："从入口进去有两条路，向下的一条会遇见沼泽、蜘蛛和毒蛇，所以我们只能选择另外一条向右走的路，不过也要小心狗熊啦，最后的程序应该是这个样子的。"

"你看这样我们不就到终点了吗?"

"看起来不错,不过要知道对不对,我教过你一个好方法啊。"小伊说道。

"等等,我记得,那个方法叫测试,让我来测试一下吧!"阿吉听到小伊说,想起了之前关于测试和除错的讨论。"不如就让我来模拟一下电脑执行吧。"阿吉说道。

"看起来完全没有问题呢。"阿吉看着自己的演示,不禁得意地笑了起来。

"看起来真不错。"小伊也由衷地赞叹道。

"没想到今天的任务这么简单,看来可以很快通过山洞,继续去参观天狼B行星啦!"阿吉看着手中的地图和自己编写的程序,开心地畅想着。

思维训练 ● 第十九关

看到阿吉一脸得意的样子，小伊决定再考考他，这次她从自己的记忆库里找出了一道有些难度的题目，叫作《缺失的图形》，如下图所示。

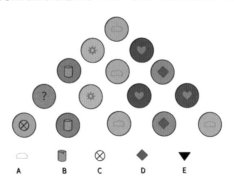

在A~E五个图形中，哪一个可以替换到"？"处？

逻辑解析 ●

这也是一道考验观察力以及推理能力的题目，这道题的规律确实有些复杂，这也是小伊为了难住阿吉特意设计的。

这道题有两个规律。

① 每一个图形上面一行，不会出现相同的图形，也就是说，第二行出现了，那么第一行就不会再出现相同的图形了。

② 每一个图形都与其下面的两个图形有关，我们整理出以下几组规律。

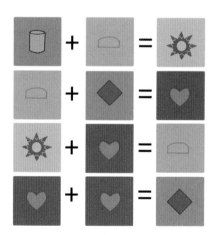

因此，下面这组图形相加的结果，一定是一个与其他图形完全不一样的形状。

那么答案很明显了，就是E。

神秘礼物 ●

答对题目： 阿吉会得到一个冰激凌，小伊会得到一本漫画书。

答错题目： 两人都会得到一张炸弹卡！

说明： 这道题很简单，如果这本书进行到尾声，还无法答出此题目，确实应该接受惩罚了。

4.2 神奇的数字迷宫

《缺失的图形》这道题显然有一些难度，阿吉并没有答上来，他有点闷闷不乐，这时候赛事的组织者又匆匆地跑了回来。"对不起各位选手，由于我们的疏忽，你们刚才看到的地图并不是这个山洞的地图。还有一个更不幸的消息，这个山洞并没有地图。所以你们需要写一个程序，让机器人自己找到一条安全的道路并走到终点。别忘了，就像我刚才说的，山洞里没有信号，你必须一次把这个程序写完。"

"啊！你说什么啊？"阿吉一听立马激动地从地上跳了起来。"我怎么突然觉得这个任务变难了10倍，不不不，是100倍呢？小伊，我感觉咱们没办法到达出口了！"阿吉情绪有些低落。

"这就把你难住了吗？要面对危险的可是我啊！你就这样放弃了吗？"小伊似乎有些不满。

"可是我完全不知道该怎么解决这个问题啊，没有地图怎么写程序啊！"阿吉的语气中似乎透着一股无奈。

"还记得我之前跟你说过，遇见复杂问题应该怎么解决吗？"小伊提醒道。

"这我倒是记得，需要把大的问题分解成一个个小的问题，然后一步一步地去解决。"

"没错，就是这样，那让我们试试吧。"小伊说。

"但是我连怎么开头都不知道呢。"阿吉一脸茫然。

"那我就在开始之前，给你一点小提示吧。"

"快说快说！"阿吉显得有些迫不及待。

"首先为了交流方便，我们需要给每个格子起名字，不然我们只能说毒蛇边上的格子，或者是狗熊下面的格子，这样很容易发生错误。"

"嗯，你说得没错，那具体怎么命名呢？"阿吉追问道。

"这其实也很简单啦。你看这个迷宫，它有横竖两个方向，所以我们可以在两个方向上都做一个编号，像图中这样的，横着方向就是0、1、2、3。那么竖着的方向呢，也是0、1、2、3。"

"等一下，为什么要从0开始，感觉怪怪的，1不是更好吗？"阿吉打断了小伊的话。

"没错，因为第一个写程序的人从0开始标记了，所以大家也就约定俗成地用了同样的方法。"小伊回答道。

"这也行？"阿吉有些不满地说。

小伊没有理会他，继续说道："当需要确定某一个具体格子的时候，我们只需要指出它是第几行、第几号就可以了，比如说狗熊就是0行3号，为了写得更简单，我们把它简写成（0，3）。"

"这个办法可真不错，无论是谁，只要掌握了这个方法，都绝对不会出错了，所以毒蛇就是（2，2）。"阿吉开心地说。

"没错，就是这样子。那么接下来，当我站在某个位置的时候，我会看见上下左右都是什么，然后标记在地图上。"小伊接着说道。

"这个主意可真是棒极了。"

"因为我是电脑，所以喜欢用数字来表示东西，比如说路，我就用0来表示，而-1表示出口，如果走到出口我们就成功了，剩下的不论是沼泽还是毒蛇、狗熊，都代表着无法通行，所以我们都用2好了。那么把我们的这份测试地图转化成数字地图，就像这样的，看看是不是每一个点都可以对应上。"

```
迷宫 = [
    [0,  0,  0,  2],
    [0,  2,  0,  0],
    [0,  0,  2,  0],
    [0,  2,  -1,  0],
]
```

"天哪，原来数字也可以是迷宫啊。"阿吉有些难以置信。

"那是当然，世界上所有东西都可以用数字来表示。"小伊有些得意地说，"现在当我需要找到迷宫的某个位置的时候，只要用迷宫[行][号]，这样就可以了。"

"迷宫[0][3]是2，看看地图，真的是熊。"

"当我们在某个位置的时候，需要看看上下左右4个方向都是什么。那我考考你，当我处在一个格子时，怎么找到周围的四个格子呢？或者说，知道一个格子的编号是（m,n）那么它上下左右的格子编号都是什么呢？"

"这个好像不难，上下的格子n是不变的，m的话，上面是$m-1$，下面是$m+1$，所以上下的格子就是$(m-1,n),(m+1,n)$；左右是同样的道理，也就是（$m,n-1$）和（$m,n+1$）了。"

"真棒，看来你的大脑也很像电脑呢！"小伊笑着说。

数字表达对于低年级的小朋友来说是一件很困难的事，但是一旦掌握，会很大程度地帮助他们思考。所以不妨通过游戏的方式让孩子多练习，掌握不同场景中数字表达的能力。

思维游戏● 第二十关

"阿吉，你玩过《转动的字母》吗？"

"没有，听起来像是一道考验英文能力的题目啊？"

"并不全是，实际上你只需要熟悉26个英文字母就行了，它考查的还是数学能力与逻辑推理能力。"

请看题目：左侧表格中的字母按照一定方向转动之后，字母的位置发生了变化，见第二个表格。请问，第二个表格空白的格子里应该填入哪些字母呢?

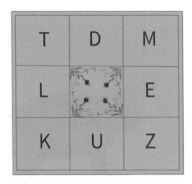 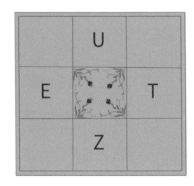

逻辑解析

　　这道题的难度也不小，同样是找到规律即可。既然题干说按照一定的方向转动，很多人的第一反应就是顺时针转动，这也是解答此类题目的基本思路，如果不对，再考虑逆时针转动。

　　接下来，我们按照顺时针方向寻找规律，这时就需要一定的联想能力。既然题干中提到了"你只需要熟悉26个英文字母就行了"，那么就应该想到顺时针旋转的可能性——按照英文字母所对应的数字旋转。

　　按这个思路尝试，找最简单的D，对应的位置是4，顺时针旋转之后如下图所示。

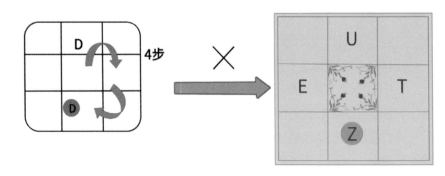

很显然，跟第二个表格的位置对不上。到这一步不要急于推倒之前的设想，试着往前移动一位，或者往后移动一位。

往前移动一位（如果移动位置，那么每一个字母都要遵循这个规则）。

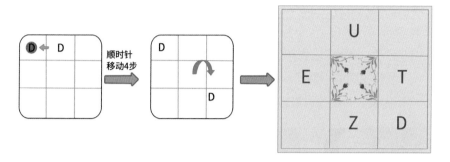

看不出对错，继续尝试，选择字母E，对应的位置是5，先往前移动一位，顺时针移动5步（尽量选择简单的，也就是对应的数值较小的）。

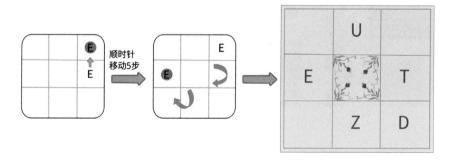

对上一个，按这个顺序推下去，如果四个字母都跟第二个表格对应上了，也就可以推出答案了。

最后的答案如右图所示。

K	U	L
E	⊗	T
M	Z	D

神秘礼物 ●

阿吉可以选择晚餐吃什么，小伊可以选择今天穿什么。

4.3 走出迷宫的孤勇者

"好了，接下来轮到你了，我们要怎么才能走出迷宫呢?"小伊问阿吉。

"我似乎有些思路了，让我来试试看。"阿吉说，"当站在迷宫的一个格子的时候，我能看见其周围的4个格子或者是墙，就像这样。"

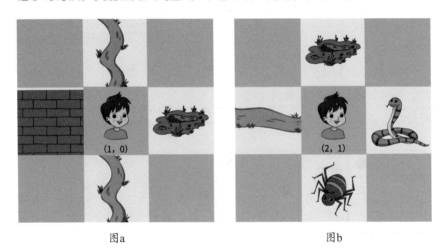

图a   图b

"很好，然后呢?"

"这个时候其实也很简单呀，就像我们平时走路一样，我就一个方向一个方向地尝试，如果这个方向不能走就换另一个方向；如果这个方向是可以走的，那我就往前走一步，这样我就到了下一个格子。然后，只要做和刚才一样的事情就可以了，看看四个方向哪个可以走。"

"这个听起来没有问题。但如果走进了死胡同呢?比如说等你从（2,0）走到（2,1）之后，除了来的路，三个方向都不能走了呢。"

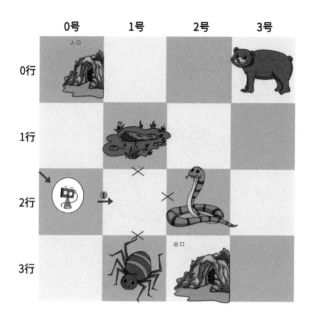

"这个问题问得好。"阿吉有些焦急地挠了挠自己的头。过了一会儿，他若有所思地说道："如果三个方向都是死路，那么也只能往后退了。这个时候我们会退回（2,0），不过为了防止我们从（2,0）再一次走到（2,1），在这里放一个小标记，提醒我们不要再走到这里来了。也就是说，在你的迷宫上把迷宫（2,1）变成2，或者其他什么数字。如果退到某一个格子，有其他方向可以走，继续走下去就好了。如果退到了起点还是没有路可走，那就说明这个迷宫是走不通的。"

"没错，没错，你想得很周到。阿吉，你的思考方式已经可以跟上电脑了！"小伊也很开心，"不过有几个小细节需要注意一下，第一个问题是需要看看是不是到达了出口，如果到达的话就宣布成功吧；第二个问题是，你刚才提到，如果每个方向都不能前进了，那我们就只能往后退。所以，我们需要记录走过的路线上的每个格子。最后就是，电脑不像人，它会很机械地检查四个方向，所以当我们经过一个格子后，把它也标记出

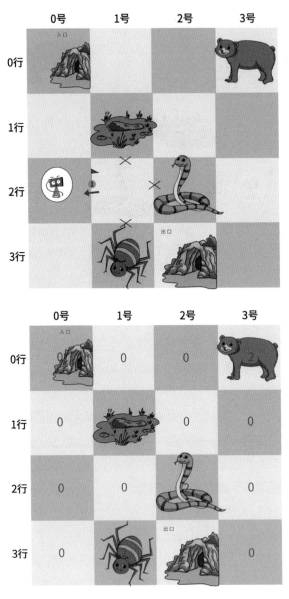

来，就用1好了，这样检查的时候会发现四个方向都行不通，那么我们就返回路线上的上一个点吧。"

"没错，没错，就是这样。"阿吉一边听，一边点头。

"所以我根据你说的，把程序也写了出来。"

看看程序的结果，如果起点在（0，0），那么路线就是 [(0, 0), (0, 1), (0, 2), (1, 2), (1, 3), (2, 3), (3, 3), (3, 2)]。

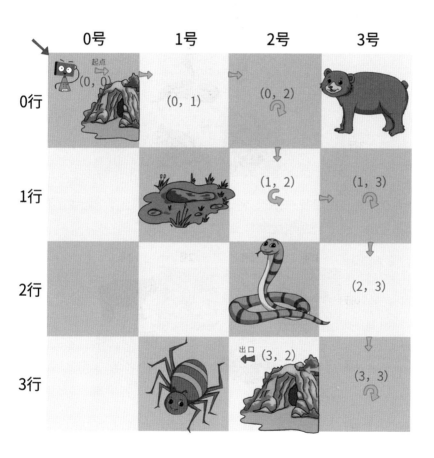

而如果起点在（2,1），那么路线就是[(2, 1), (2, 0), (1, 0), (0, 0), (0, 1), (0, 2), (1, 2), (1, 3), (2, 3), (3, 3), (3, 2)]。

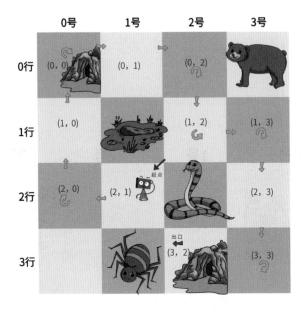

而如果在出口前多一条蛇，将（3,3）设为2，那么不论起点在哪，结果都是空的，表示无法到达终点。

就像乔布斯说的那样，编程是反映我们思想的镜子，它教会我们思考。而同时，它可以解决一些相对比较有趣的问题，所以对于有兴趣的孩子，使用编程是锻炼思维能力的最佳方法。同时它也要求高超的处理细节的能力，这对孩子来说也是一个重大的考验。

像这道迷宫题，很多孩子都可以想到在某一个位置的时候该如何走，走进死胡同该如何走，难的部分反而是如何让整个程序完整运行的那些细节。

思维游戏 ● 第二十一关

终于走出迷宫了，今天的行程也快结束了。"阿吉，最后再给你出一道简单的图形接龙题目。"

"好的，没问题！我也想换换脑子呢。"

仔细观察下图，找出图形变化的规律。

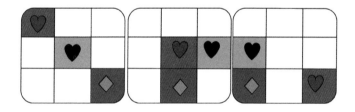

接下来应该是哪一个图形呢?

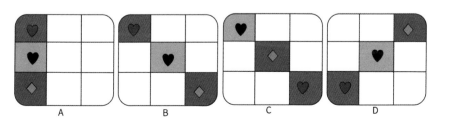

这种题目就是找规律，一旦找到规律就会迎刃而解。接下来分别分析3种图形的移动规律。

题干图中的红心，每一次都是沿着对角线移动1格；

题干图中的黑心，每一次都是从左向右移动1格；

题干图中的菱形，每一次都是从右向左移动1格。

按这个顺序套入第四个图形之中，答案一目了然：B。

B

神秘礼物 ●

阿吉可以玩手机30分钟，小伊可以玩手机30分钟。

4.4 折半查找——寻找瑕疵钻石

今天参观的是天狼B行星上的一座钻石矿，这个星球因为特殊的天文条件，产出的钻石又大又美。阿吉和小伊从采矿开始参观，接着是挑选风格，以及最后精确地切边，形成光泽美丽的钻石制品，一整套流程尽收眼底。

正在这时，一个工人突然气喘吁吁地跑了过来，说道："厂长，厂长，不好啦！"

"怎么啦，不要慌慌张张的。"厂长说道。

"我们有一颗钻石瑕疵品混进了一批10000颗的钻石成品中！"

"什么！怎么会这样，赶紧去把它找出来！绝对不能把瑕疵品送到客户手上，快去！"

"这个瑕疵品和正品看起来一模一样，只是重量轻一些，所以需要靠称重才能把它找出来，但是还有1个小时就要交货了，来不及一个个称了！"工人焦急地说道。

"这这这……这可怎么办啊！"厂长眉头紧皱，大声说道。

站在一旁的阿吉听到了，他在心里想了一下，对厂长说："咱们不需要一颗颗地称，我有办法，用不了10分钟，就能找出这颗瑕疵品。"

"你说的是真的吗？好，我们就试一试，我听说星际夏令营的选手都特别厉害，全靠你了。阿六，赶紧带这个小朋友去质检中心。"厂长就像是遇到了救星。

于是在工人阿六的带领下，三个人一阵小跑来到了质检中心。

"现在，请把这10000颗钻石分成两份，各5000颗。"阿吉对工人们说道。

很快，几个工人一起动手，一下子就数出了5000颗钻石。

"接着，请称一下这两份钻石吧。"

"看，这边轻！"一个工人说道。

"好，那把轻的这边再平均分成两份。"阿吉接着说道。

工人们一起动手，很快钻石被再次平均分成了两份，各2500颗，这时工人也明白了阿吉的办法，一称好就赶紧将轻的那边再平均分成两份，不过当轻的这边是625颗的时候，工人为难地说："现在是625颗钻石，没法

平均分成两份了。"

"不用担心，从那些没有瑕疵的钻石里面拿一颗放进去就可以了。"阿吉说。

"原来是这样。"

果然，不一会儿，工人们找出了这颗有瑕疵的钻石。这时厂长也来到了质检中心，看到这么快就解决了问题，对阿吉表示了衷心的感谢，并送上了由衷的赞叹。

"现在的小朋友真是了不起啊！"厂长说道。

走出了钻石工厂，小伊问道："阿吉，你是怎么想到这么好的办法的？"

"嘿嘿，我也是灵机一动，我想，现在的问题并不是要弄清楚每颗钻石的重量，而只是要找到轻的那颗，也就是瑕疵钻石。那就平均分成两份，这样每称一次，瑕疵钻石必定在轻的那一边，也就是说可以筛选出一半没有质量问题的钻石。这不比一颗一颗称快得多嘛，这样一来，刚开始的时候一下子就能排除掉几千几百颗钻石啦。"阿吉得意地说。

"嗯，确实非常棒，你想到了一个非常好的办法。"

思维训练 ● 第二十二关

厂长顺利地将这批钻石交给了客户，收到了一如既往的好评，厂长非常高兴，决定奖励阿吉一颗钻石。

"天呐，使不得使不得，太贵重了！"阿吉连连摆手。

"小朋友，你帮我们厂保住了名誉，钻石虽然贵重，却是一份心意。不过，想要拿到这颗钻石可不容易哦，你需要答出下面这道题。"

在下图中，每一个十字交叉点（五角星）的数值，都由相邻的4个数字的总和构成，接下来的问题，你需要在60秒内找到答案。

找出3颗数值为100的☆

	A	B	C	D	E	F	G	
1	30	19	28	26	25	36	16	29
2	24	20	26	23	24	23	24	22
3	26	29	27	20	25	29	27	23
4	20	23	28	32	29	30	24	22
5	30	28	27	22	30	26	27	29
6	20	28	23	28	32	29	31	26
7	25	27	25	27	30	26	24	19
	26	26	29	23	24	28	24	28

逻辑解析

　　这个问题考查的是观察力与快速运算能力，可以按照从左往右或从上往下的顺序快速浏览，然后先看个位数，如果相加之后个位数是"0"，再进一步计算，否则直接忽略。

　　例如竖着看，先看A列，只有A6符合要求，四个数字相加：20+25+27+28=100。

　　再看B列，快速浏览之后，个位数相加并没有"0"，直接忽略，不用计算出每一个结果。

　　再看C列，C5符合要求，27+23+28+22=100。

　　以此类推，发现G6也符合要求，31+24+19+26=100。

阿吉会得到一张任务卡，小伊会得到一张求助卡。

4.5 隐藏的信息——更快的方法

"你有没有发现，我最近越来越厉害了。"受到小伊称赞的阿吉得意地说。

"是进步了很多，可是你也不要骄傲哦，称重量其实还可以更快一点，你想不想听听?"小伊说。

"还能更快? 我不相信，你倒是说说看啊。"阿吉不服气地说。

"好的，我这次只用16颗钻石举例，你试试用你的方法需要称几次?"小伊问。

"这还不容易吗?"阿吉说罢，就在纸上画了起来。

"我的方法需要4次。"阿吉说。

"好的，现在来听听我的方法吧。不同于你把所有的钻石平均分成两份，我把它们分成三份，然后随便拿出两份来称，这样称的时候会出现两种情况。"

情况一：天平的两边有轻有重，那么就像你的方法一样，轻的那边是有问题的，重的和没称的那一份都没有问题。

情况二：天平的两边是一样的，那么就说明剩下的那份是有问题的。然后像你一样不断地去称有问题的那一份就可以了。

"所以16颗钻石的话是这样，用两个5去称，如果平衡，就用剩下的那个6去做下一步；如果不平就用轻的那个5，补充一颗好的钻石变成6，去做下一步。"

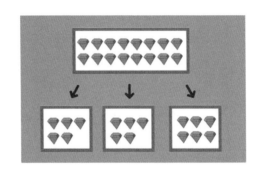

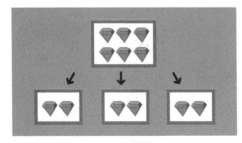

"第二步有6颗钻石，还是平均分成3份。"

"最后一步也就是第三步，从两颗里找一颗坏的，就很容易了。"小伊一口气说完了自己的方案。

"那也用了三步啊，只比我的少一步。"阿吉不服气地说。

"不错，数量少的时候确实差距不大，但如果是10000颗钻石，还是可以少计算好几次的。更重要的是，这里我们通过将钻石平均分成3份，可以巧妙地从3份中称一次，找出不一样的那份。这样的思维方式多加利用，当需要电脑处理数以万计的数据时，就能极大地发挥作用了。"

"我要吸收更多这样的好方法。"阿吉若有所思地说。

思维训练 ● 第二十三关

"阿吉，你知道吗，这批钻石会被送往地球销售，其中有一部分会送到北京哦。"

"咦，真的吗，到时我们要去店里看看。"

"嗯，我已经知道它们会被送到四个购物中心，也知道其中三个购物中心展示的具体数量，还有一个购物中心不知道，你能算出来吗？"

"小伊，你又准备考我了啊？"

"是的，这道题是一道规律题，如右图所示，你知道'？'处的数字是多少吗？"

逻辑解析 ●

对于这类题目，只要找到规律，问题就会迎刃而解。然而，乍看上去往往找不到任何联系，这时就需要发挥你的联想能力。

线索中一共有3个元素：汉字，英文，数字。很多人的第一反应就是从加减乘除公式入手，分别列出汉字与英文单词的个数。

6个汉字 + 17个字母 = 23

按这个公式验证其他两个商场：

6个汉字 + 23个字母 = 29

6个汉字 + 16个字母 = 22

由此推出答案：

? = 4个汉字 + 10个字母 = 14

神秘礼物 ●

阿吉会得到一张心愿卡，小伊会得到一张心愿卡。

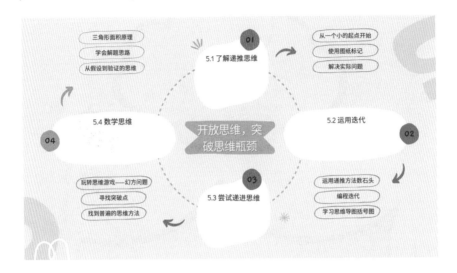

三角形面积原理
学会解题思路
从假设到验证的思维

01
5.1 了解递推思维

从一个小的起点开始
使用图纸标记
解决实际问题

5.4 数学思维

04

开放思维，突破思维瓶颈

5.2 运用迭代

02

玩转思维游戏——幻方问题
寻找突破点
找到普遍的思维方法

03
5.3 尝试递进思维

运用递推方法数石头
编程迭代
学习思维导图括号图

5.1 了解递推思维——巨石阵算术之隐藏的石块

经过了一夜的休息，阿吉的体力有所恢复，第二天一早，他们就随着夏令营大军一起来到了一片沙漠之中。

"天呐，这么热，还带我们来沙漠，要是没有什么特别好玩的我可不答应。"阿吉抱怨道。

阿吉侧过头看了看身边的小伊，之前她虽然经历了这么多天的旅行，却依然动力满满，只是身上多了些灰尘。阿吉不禁感慨道："如果我也是一个机器人说不定也挺好，至少不会累也不会觉得热了。"

正当阿吉在脑子里满宇宙跑火车的时候，队伍停了下来，听见营长用他的大嗓门喊道："各位来自不同星球的小朋友们，今天我们要参观的是天狼B行星上最大的历史遗迹——摩尼斯城，大家快看，它就矗立在我们的面前。"

阿吉连忙抬起头朝前方看去，只见这是一座用大石块垒起来的城市，用来垒城市的每一个石块都非常巨大，比阿吉还要高。这座星球上的古人，不知道用了什么神奇的方法，运来这么多大石块，在大沙漠中建起了

一座神奇的城市。

阿吉和小伊随着队伍往前走，登上了城墙，看见一群工程师正在边数边记忙活着。

"你们在干什么啊?"阿吉好奇地问道。

"我们在数这个城市到底用了多少个石块，"一个头发花白的工程师回答道，"我们想弄清楚，古人到底用了多少个石块才修建起这座城市。"

"这么多石块，什么时候能数完啊!"阿吉感慨道。

"其实数并不难，最难的是，很多石块被周围的石块挡住了，我们数了好几遍，也还没有数清楚。"工程师一脸惆怅地看着眼前的巨型城墙，叹了口气。

"是啊，这么多被挡住的石块，恐怕永远也数不清楚吧。"阿吉也跟着说。

"不是这样的，"小伊突然说道，"其实我们只要用正确的方法，应该可以很快地数并算出总共使用的石块数量。"

"怎么可能?"那位年长的工程师生气地说道，"我们在这里这么久了，都还没数清楚，你居然说可以很快数出来!"

"虽然不是很确定，但是我可以试一试。"小伊一脸平静地说，"附近有可以俯瞰整座城市的地方吗? 我们不妨去试一下。"

"当然，城的中心有一座古时候留下来的钟楼，比城墙还要高出很多，可以俯瞰城市，我带你们过去。"听说有人能帮忙数清石块的数量，工程师虽然觉得不太可能，但还是决定去试一下。

于是他们三人来到了钟楼之上。

"从这里看得可真清楚啊，可以看出，城墙在不同的位置有高有低，也正是因为这样，所以难以数清吧。"站在钟楼之上，阿吉感慨道。

"是的，由于不是所有位置都一样高，所以很多石块被周围的石块挡住了，没办法数。"工程师也说道。

"阿吉，你看，这个城墙最高的地方，用了几层石块?"

"三层。"阿吉回答道。

"是的，那最上面这第一层有多少石块，可以数清楚吗?"小伊又接着问。

"这个没有问题，因为这一层的所有石块都是露在外面的，所以很容易数清楚，只要细心点，就不会错。"阿吉回答道。

"但是难点并不在这里，"阿吉自言自语地接着说道，"问题在于，当开始数第二层的时候，会有很多被第一层的盖住，而导致我们没有办法数。而且越往下，想数清楚就越难。"他边说边挠了挠头，边上的工程师也跟着一起点头。

"那我们不如换个思路吧，"看着阿吉一脸为难的样子，小伊说道。随后，小伊从包里拿出了纸笔，"不如你先把这层的石块在纸上标出来，就用圆点吧。"

"好的。"于是阿吉将数出的第一层石块一一标记在了纸上。

"现在你可以把第二层画在第二张纸上吗？只要标记出直接露在外面的、能直接看见的就可以了"。

"这个也不难。"很快，阿吉也完成了对第二层的标记。

"你这个办法确实很清楚。"一旁的工程师看着阿吉边画边说道，"但是这个方法只能标记看得见的石块，还是没有办法数出被挡住的石块啊。"

"我倒是有点思路了呢。"看着自己画的两幅图，阿吉若有所思地说。

"不过现在我的肚子已经咕咕叫了，不如我们先吃点东西再回来接着算吧。"解题思路在5.2节将继续为大家讲解。

思维训练 ● 第二十四关

阿吉平时最喜欢吃煎油饼，这天早上他在找早餐店，看见一位阿姨正在煎油饼，阿吉说道："阿姨，我要3张油饼。"

"好的，你稍等一会儿，我的锅比较小，每次只能放入2张饼。"

好的，你稍等一会儿，我的锅比较小，每次只能放入2张饼。

阿吉在一旁观察，发现把饼的一面煎熟需要1分钟，他一共要3张饼，那么就需要煎2次，总共4分钟的时间。

阿吉见状，对阿姨说："阿姨，其实你只需要用3分钟就可以煎好3张饼，这样就可以节省时间了。"

请问，你们知道阿吉的方法吗？

逻辑解析 ●

已知煎熟饼的一面需要1分钟，阿姨的锅只能同时放进2张饼。

第一步：煎第1张饼和第2张饼的正面，用时1分钟。

第二步：取出第2张饼，放入第3张饼。然后煎第1张饼的反面和第3张饼的正面。

至此，第1张饼煎熟，第2张饼和第3张饼都只煎了正面，用时2分钟。

第三步：煎第2张饼和第3张饼的反面。

至此, 3张饼就都煎好了, 用时3分钟。

神秘礼物●▶

阿吉的形象值+1, 小伊额外增加5个积分。

说明: 阿吉有吃早点的习惯, 每天都会保持充足的精力, 因此精神状态不错, 形象值+1。

5.2 运用迭代——巨石阵算术之计算每层的石块

心满意足地吃完了煎油饼, 阿吉又重新打开了之前的记录。"对于这个方法到底对不对, 我还不是很确定, 但是我先说说, 你们帮我分析一下。"阿吉指着两张图说道, 每一个大石块的下面必定有一个石块支撑, 所以在标记出两层可见的石块的同时, 只要再将第一层的标记同步标记到第二层上, 就是第二层所有的石块了吧。

边说，阿吉边将第一层的标记也画在了第二层的图上，三个人一看，都很开心，因为这样一来，整个第二层也被完整地标记在图上了。

"太棒了！"工程师兴奋地喊道，"原来还可以这样，第二层一下子就数清楚了！"工程师在一旁手舞足蹈，乐开了花。

"我们再用同样的方法继续向下计算。"

说干就干，很快3个人就一起将三层都标记了出来，"这样就好办了，"阿吉说道，"接下来，只要把每层都数一遍就可以了。"

"没想到，困扰我们这么久的难题，被你这么快就解决了呢，这个方法可真棒啊！"工程师兴奋地说道。

"没错，阿吉找到的这个方法真的非常棒。"小伊也跟着说。

"还是小伊提示得好。"阿吉自己总结道。

如果你没看懂，我们再详细讲解一下刚才的解题过程。

1 我们标记出了最显而易见的部分——第一层的数量和位置，这一步其实非常简单，简单到甚至会让我们觉得没有必要。

第一层是最上面的一层，红色 ● =1个

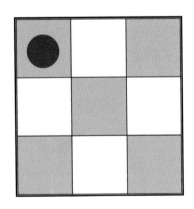

2 这一步就显得极其重要了，它是解决问题的核心，本来问题的难点就在于第二层的石块有很多是被第一层压住的，没有办法直接数出来，但在这里我们其实是分解了两个步骤。

第一步：其实就是重复了第一层的方法，数出了第二层所有暴露在外的石块，这个方法也非常简单。

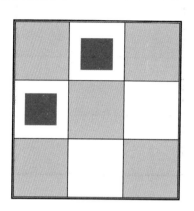

暴露在外的石块 ■ =2个

第二步：推导出第二层被第一层压住数不到的石块，每个第一层下面必然有一个第二层，对不对？哈哈，所以只要在同一张图上，将第一层已经标记好的石块重新标记一次，这样第二层所有的石块就都被找到了。

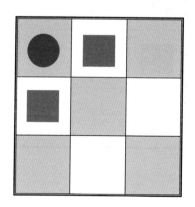

隐藏在一层底下的石块 ● =1个

③ 到这里，第二层的也计算好了，2 + 1 = 3个。继续介绍第三层的计算方法。

第一步：先用星星标记出第三层露在外面的石块。

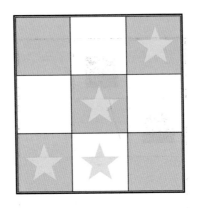

露在外面的石块★=4个

第二步：继续三、二、一层的计算方法，就是重复上一层的步骤，同时将上一层第二层的结果应用到这一层。一共是7个石块。

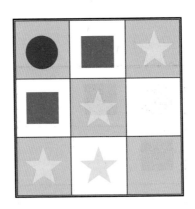

④ 把每一层的石块都加起来。

1 + 3 + 7 = 11个

"你说得可真棒。"小伊听完阿吉的总结开心地说道，"其实这个方法就是我们在计算机里面说的迭代，在数学中它也有一个名字，叫作数学归纳法。"

名词解释

迭代是什么？

迭代指的是对计算机特定程序中需要反复执行的子程序（一组指令）进行一次重复，即重复执行程序中的循环，直到满足某条件为止。

"总体的过程就像阿吉刚才说的那样，我们先找到一个初始状态，通常这样的状态都是很容易找到的，然后从这个1去推导2，从2推导3。如果我们也能推导从n到$n+1$的话，就可以解决这类看起来非常大、非常复杂的问题啦。"

"谢谢你们，帮我们解决了这么大的难题，这个方法也值得我们好好去学习。"工程师在一旁开心地说。

注：知道这道题的思路之后，我们其实有一个更便捷的计算方法，各位看书的小朋友可以想一想。提示一下，跳过每一层的标记，也可以算出来哦。

思维训练 ● 第二十五关

次日，新复仇者联盟的六位超级英雄结束了体能训练之后，巨人强尼突发奇想地说道："嘿，兄弟们，我们去踢足球吧。"

刚好大家都觉得体能训练的量太低了，不过瘾，正好踢足球出出汗。

土豆侠、战蚁、巨人强尼、披风侠、熊猫人、蜜蜂

侠，总共6个人，每3人一队，分为两组进行足球对抗赛。

其中，3位队员的对话如下图所示。

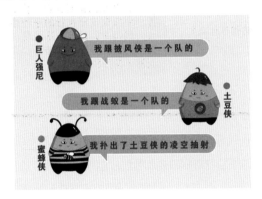

请问，哪两位队员是土豆侠的队友？

逻辑解析 ●

每3人一队，一共两支队伍，我们将其分为X队与Y队，并通过思维导图中的括号图进行分析。括号图呈现的是局部与整体的关系，整体就是X队与Y队，局部则是队员。

我们先代入第一个已知条件（代入X队或Y队都可以，同样可以解开此题）：

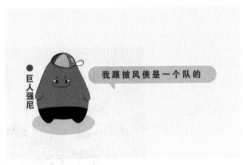

根据巨人强尼的话，我们得出：

第五章 开放思维，
突破思维瓶颈

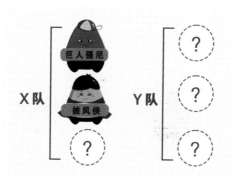

代入第二个已知条件：

由于X队只差一个人，所以土豆侠与战蚁肯定是Y队的：

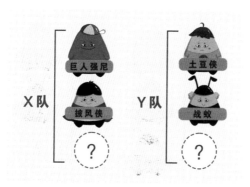

代入第三个条件：

既然蜜蜂侠扑出了土豆侠的射门，说明两个人不是一个队的。（别较真，题目没说是乌龙射门哦）

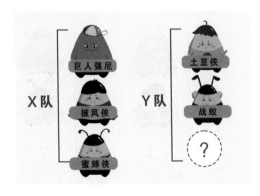

至此。最后一名队员也可以确认了：

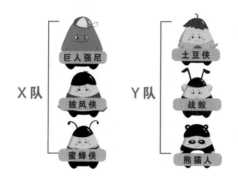

X队　　　　Y队

阿吉可以免做一天家务，小伊可以免做一天家务。

5.3 尝试递进思维——方格里的数字

阿吉和小伊刚刚准备离开，忽然工程师又从后面追了上来，"小朋友，你们俩这么有办法，有没有兴趣再帮我一个忙？"

"当然没问题啦！"阿吉回答道，刚解决了难题，他正在兴头上。

于是工程师将他们带到了城下面的一个大厅，里面有一座大门，上面画着9个方格，有几个格子里面画着不同个数的点点。工程师说："要想打开宝库大门，需要将点填入方格，使横、竖、

对角的3个数加起来都相等。"

"这个密码我们一直都没能解开，所以到现在我们也没有进入过这个宝藏大厅。"工程师遗憾地说道，"不过，今天看你们这么快就数清了石块数量，我想带你们来试试这个密码。"

"只知道3个数字，要知道其他所有的吗？"阿吉盯着墙上的图案，瞪大了眼睛说。

"是的，所以我们一直都没有办法下手。"工程师沮丧地说。

"这可真不是随随便便就能解开的呢。"说着，阿吉不禁一屁股坐在了地上，不过他的眼睛一刻也没有离开过门上的图案。

看了一会儿，阿吉还是没有什么头绪，他想，如果再多知道一两个格子就好了，不禁回头看了看小伊，见她一副胸有成竹的样子，似乎已经知道了答案。

"如果再多知道一两个格子就好了。"阿吉突然抓住了自己的思绪，"不错，缺的格子很多，想一次性都填满是不可能的，有没有可能先填一两个呢？"

转变思路之后，阿吉似乎一下子抓住了灵感。

接下来，我们来看具体的解析过程。

为方便描述，我们将竖列从左到右依次称为1、2、3，横行从上到下依次称为A、B、C，格子用行+列表示，例如中心的格子就是B2格，两条对角线为A1-B2-C3和A3-B2-C1。

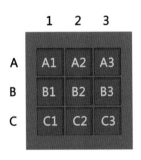

目前已经知道的是：A1=4，B1=3，C3=6。

① 每行、每列、每条对角线加起来的数字都是相等的，A1+B2+C3 这条对角线的数字相加等于B1+B2+B3这一行的数字相加，也就是 A1+B2+C3 = B1+B2+B3。

② 目前已知A1=4，B1=3，C3=6，代入"1"中的等式

4+B2+6 =3+ B2+ B3

进一步简化就是4+6=3 + B3

所以B3=7

九宫格如下图所示。

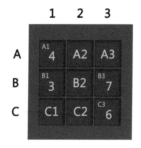

③ 现在第一列和第三列都已经知道了2个数字，很明显应该在这里想办法。

第一列的数字相加 = 第三列的数字相加

A1+B1+C1 = A3 + B3 + C3

也就是4 + 3 + C1 = A3 + 7 + 6

进一步简化就是C1 = A3 + 6

④ 两条对角线的数字相加也是相等的

A1 + B2+ C3 = A3 + B2 + C1

也就是4 + B2 + 6 = A3 + B2 + C1

进一步简化就是10 = A3 + C1

⑤ 把第3步的C1 = A3 + 6 代入第4步得出C1=8，A3=2

将这两个数字填入之后，整个表格如下图所示。

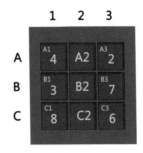

⑥ 算下来，行、列、对角的和是15

那么 A1 + A2 + A3 = 15, 4+ A2 + 2 = 15, 所以A2 = 9

B1 + B2 + B3 = 15, 3 + B2 + 7= 15, 所以 B2=5

C1 + C2 + C3 = 15, 8 + C2 + 6= 15, 所以 C2 = 1

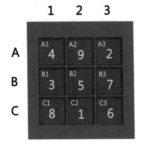

阿吉抑制不住心中的喜悦，不过还是验算了一遍，确认没问题，然后兴奋地跳了起来，大喊道："我知道啦！"他把自己的解答告诉工程师，工程师听完，马上验算了一遍，确认无误之后竟然激动得有些哽咽，自己研究这座古城将近20年，居然在一天之内解开了两大难题。

最后看一看这个宝藏大厅的密码吧。

把九宫格大门所有解密后的数字用这样的形式显示出来，对应开头的那张图：

　　这是一类非常有名的题目，在中国古代叫作幻方，南宋数学家杨辉曾经对它做过研究，并提供了构造口诀，此处为了计算简便，使用了1-9的基本构造，但其实任何等差数列都可以用到构造。因为此类问题经常出现，所以笔者也有比较深入的研究，得出了很多解答所需的结论。例如，通过中心的横竖对角线都是等差数列，应用于此题的话可以一口报出中间的数为5，剩下的就很容易了。

　　但这并不是我们需要的思维，我们确实可以告诉孩子这样一个结论，让他们来解答，但我们不会给孩子证明这个结论，因为这是一类很窄的问题，所以即使记住了这个结论，除了做这类题也完全没有用武之地。

　　而本书所介绍的方法是一套普遍的方法，从已知条件推导未知的思维顺序，既训练了思维，又解决了难题，一举两得。正如数学大师陈省身所说，幻方是一个奇迹，但在数学中却没有普遍深刻的影响，不是好的数学，我们对它的态度也应该是将其作为思维锻炼的游戏。

思维训练 ● 第二十六关

参观结束后，阿吉和小伊准备去附近的村庄品尝一下当地的特色美食。他们路过了一处池塘，看到一个小男孩手里拿着两个空水壶，愁眉不展的样子。

"小朋友，你遇到什么困难了吗?"

"哦，小哥哥你好，我是来打水的，突然想到了一个问题，但是却想不出答案。"

"什么问题? 说说看。"

"我这儿有两个空水壶，一个是5L，一个是6L。我在想如何只用这两个水壶，从池塘取出3L的水。"

这道题很经典呢，在地球上，很多公司招聘时都会用到，我给你讲讲。

逻辑解析 ●

第一步：先将5L的水壶接满水，倒入6L的水壶，这时6L的水壶里只有5L水。

第二步： 再把5L的水壶接满，用5L的水壶把6L的水壶灌满。

这时5L的水壶里实际上只剩下4L水。

第三步： 把6L水壶中的水倒掉。

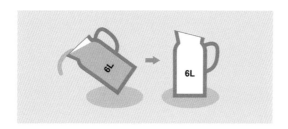

第四步： 再把5L水壶里剩余的水（4L）倒入6L的水壶里。

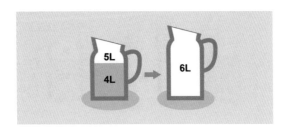

这时6L的水壶里有4L水。

第五步： 把5L的水壶灌满，倒入6L的水壶之中，这时5L的水壶中刚好剩下3L的水。

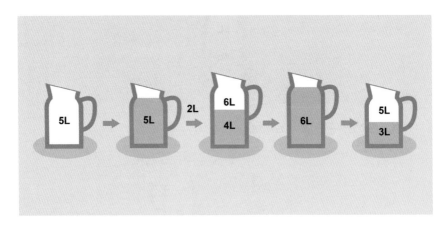

神秘礼物 ●

阿吉会得到一张任务卡，小伊可以选择去朋友家玩。

5.4 数学思维——正方形内一点连接4顶点的面积

给小男孩解答完问题之后，阿吉和小伊继续寻找美食，这时遇见一群人站在一片稻田中间，似乎在商量着什么。这引起了阿吉的好奇心，于是他带着小伊走进了稻田中间，原来是一家人弄丢了记录自家土地面积的文书，大家正在商量怎么丈量土地。

好奇的阿吉站在一边听村主任说起了来龙去脉。

原来这是一块正方形的肥沃土地，本来归本地的一位画家所有，他去世之后就把土地捐给了村里，4块土地分别给了村里的学校、图书馆、医院和消防局。这块土地的4个方向中心（线段的中点）各有一个入口，而中间某个地方有一口井，所以就直接将井和这4个入口连接了起来，将土地分成了4份，就像图里这样。

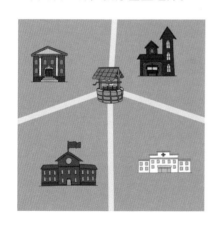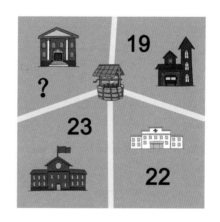

分土地的时候，每块土地的面积都经过了测量，分别是19、22、23，但是资料被弄丢了，另外一块土地谁都不知道有多大。

阿吉站在井边向四周看去，由于每块土地都很大，而且形状不规则，想要重新丈量，工作量可不小。但是看着地图上的标注，总感觉可以用这些已经知道的信息算出来。

看着阿吉在对着地图出神，似乎是猜到了他在想什么，小伊说道："我也觉得不用重新测量，快想想办法帮帮他们吧。"

阿吉在自己的草稿纸上画出了示意图。

1️⃣ 分割线都是在每个方向的中点，我们连接长方形地块的顶点，每条边上的两个三角形面积都是相等的

因为三角形的底和高都是相同的，所以把面积相同的三角形都用同样的字母标注出来。

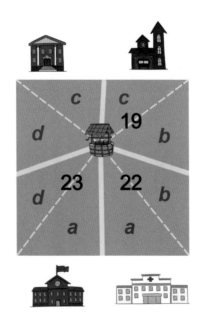

2️⃣ 按照已经知道的几块土地的面积，我们得出以下几个算式

a + b = 22

b + c = 19

c + d = ?

a + d = 23

现在需要找到答案的就是c+d，根据这些算式的话可以得出：

（a+d）+（b+c）= 23+19 =42

再减去 a+b = 22，就可以得出：

c + d = 42 -（a +b）= 42 - 22=20

这么快就得出了结论，阿吉心中非常得意，他拿着自己的示意图给村主任看，并告诉他结果，村主任听了非常高兴。

阿吉和小伊继续在村中闲逛，小伊说道："阿吉现在代数用得可真棒，这个面积看起来还挺复杂呢，没想到你一下就利用算式解了出来。"

"侥幸侥幸，"阿吉摸了摸自己的脑袋，"本来看到4个未知数都有点不知所措了，但是没想到，并不需要分别求出c和d，刚好看到了a+d=23与b+c=19，那么减去a+b=22，自然就得出了答案，比预想的顺利多了。"

"哈哈，原来是这样，我还在想，4个未知数你是怎么一下子就算出来的。"小伊说道："不过你有没有注意，这个面积其实用纯几何也是很直观的哦。"

"真的吗？我再看看。"说罢，阿吉又拿出了他的示意图看了起来。过了一会儿，突然笑着说道："哈哈，原来是这样，真的很简单呢。"

159

"原来相对的顶点和中间的这个点分割形成4块图，相对角上的两块加起来就是正方形面积的一半，也就是说，两个方向对角上的面积也是相等的，所以答案就是19 + 23 - 22，果然一下子就算出来了呢。"说着，阿吉和小伊一起开心地笑了起来。

❶ 图中斜线的两个图形的面积就是正方形的一半，图上圆圈的两个图形加起来的面积也是正方形的一半。

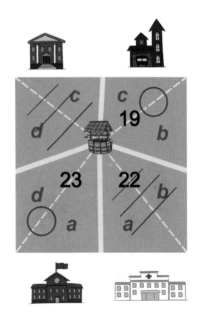

❷ 那么斜线的两个图形的面积加起来和圆圈的两个图形的面积加起来是相等的。

❸ ? + 22 = 19 + 23

❹ 所以? = 20

很多时候，当我们弄清楚如何解题的时候，剩下的工作就只是简单的加减乘除了。难的地方在于如何将一道由文字描述的问题转化成数学语言，再分解成简单的步骤。

题目千变万化，最重要的是教会孩子思考方法。如果只是一道题的话，当然是让他记住解题的步骤，然后再去找相似的题目做练习，也就是大家喜欢说的"刷题"。但是万千种题都要去背吗？如果有10000种题型呢？是不是需要重复做10000次呢？笔者认为，这种看似高效简单的办法其实是笨办法。

好的方法是教会孩子如何去分析问题，如何列举已知的信息，然后用已知的信息去推导未知的信息，从而得出题目的解法。看起来，当孩子遇到新题目的时候，这种方法耽误了时间，减少了练习的时间，但掌握了这种方法，当这种思考、思维成为习惯后，它不仅仅在学习、考试中可以发挥巨大的作用，同时也是一种受益终身的核心能力，可以在他们未来的成长、工作中发挥无穷的作用。

其实很多题看起来很难，就连大学毕业的爸爸妈妈也不一定可以一下子找到方法，如果去网上搜索，会发现很多诸如"最快解""别人15分钟解，看我1分钟"的解题窍门。但如果去读一下这些文章就会发现，这些所谓的快速解，都是基于前人大量的思考之后，形成了类似公式的解题过程，但仅从这些公式，其实很难推导出解决问题的思路，结果就是背。但如果跟着笔者一起分析、尝试去解决这些问题，就会发现其实也不难，从头解一道题可能都花不了3分钟，而弄明白了思路，日后做题就会越来越轻松。

思维训练 ● 第二十七关

终于，阿吉看到了一家甜品店，饿坏了的阿吉冲了进去。没想到遇到了《疯狂动物城》的一群粉丝，他们分别打扮为自己喜欢的人物形象，刚好也来到了这家甜品店。

只见打扮为棉尾兔、赤狐与树懒的三个人坐在餐桌前，他们在猜测打扮为猎豹本杰明的小伙伴会请他们吃什么。

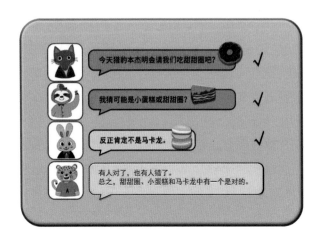

根据上述线索，你能猜出猎豹本杰明会请他的朋友们吃哪一种甜品吗？

逻辑解析

在分析这道题的时候，我们使用排除法，将甜甜圈、小蛋糕与马卡龙分别进行验证。

第一步：假设甜品是甜甜圈 ●。

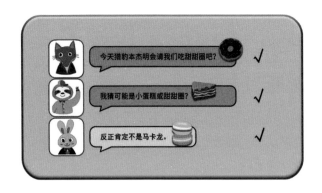

三个人的说法都对，但是不符合猎豹本杰明的话。

也就是说，甜品不是甜甜圈！

第二步：假设甜品是小蛋糕 。

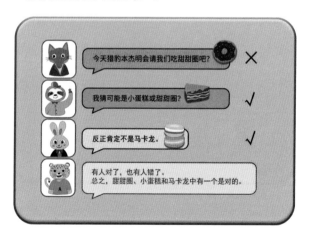

如果是小蛋糕，那么赤狐猜错了，树懒和棉尾兔都猜对了。

也就是说符合猎豹本杰明的话。

第三步：假设甜品是马卡龙 🍔 。

如果甜品是马卡龙，那么三个人都猜错了，不符合猎豹本杰明的话。

因此，通过排除法我们得知，只有当甜品是小蛋糕的时候，才符合猎豹本杰明的话。所以说，猎豹本杰明请大家吃的甜品是小蛋糕 🍰 。

神秘礼物 ●

阿吉抽到一张心愿卡，小伊可以选择买一条新裙子。

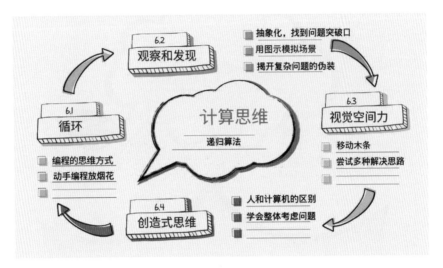

6.1 循环——美妙的烟花

走出甜品店，正好村主任过来了，他非常感激阿吉解决了土地面积问题，邀请道："今天晚上是我们一年一度的焰火表演，你们留下来一起观看吧！"

"哇，焰火表演啊，我最喜欢了，我们就留在这里看吧。"阿吉兴奋地说道。

正说着，负责焰火表演的村民气喘吁吁地跑到村主任面前说："村主任，村主任，刚刚接到通知，前方的高速公路大堵车，运送烟花的货车赶不上晚上的焰火表演啦！"

"什么？这可是我们一年一度的焰火表演啊！怎么能取消呢？"村主任一脸担忧地说道。

"我刚刚看到村口那有很多激光灯，不如用激光灯来代替焰火吧。"阿吉突然想到了这个好主意。

"真的可行吗？我们只会用激光灯做简单的装饰，表演烟花这么复杂的操作，我们可没有经验啊！"

"没关系，"阿吉边想边说道，"这些激光是通过程序操作的，可以调整光点的位置、颜色和亮度，再加上音响，一定可以进行精彩的焰火表演，对吧小伊？"

"原理上是这样的，没错，"小伊看着一脸自信的阿吉说，"不过时间有限，你真的能做到吗？"

"我们立刻就开始吧，有你的帮助一定可以的。"阿吉说道。

"好，那就赶紧开始吧！"村主任也跟着说道，"我可不想错过今年的焰火表演。"

"阿吉，那你就先说说，你打算怎么用激光来表演焰火呢？"小伊问道。

"好的。"阿吉一脸认真地说："焰火的发射其实分为两个阶段，第一个阶段是点火发射，那个火箭会从地面升到天空；第二个阶段是当火箭升到天空中的时候，会绽放开来，变成不同颜色的光点，向四周散开。我们就分为这两个阶段来操纵激光灯。"

"嗯，那在每个阶段要怎么操纵激光呢？"小伊继续问道。

"第一个阶段是升空，这里一共有30个激光灯，在发射阶段我们将它们都瞄准一个点，然后让光点从地面开始上升到最高点，这就模仿了发射的过程，你觉得呢？"阿吉一边思考一边说道。

"我觉得行，不如就先在我的屏幕上模拟一下吧。"

"嗯，我来试一下，代码应该是这样。刚开始移到X在舞台上的随机

位置，Y在地面，每次移动12步，重复循环执行30次，也就是一共移动了360步，火箭从舞台底部升到顶端，这是Scratch中舞台的高度，代码是这样的。"

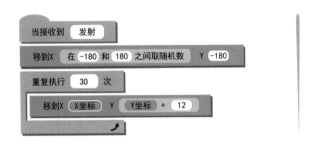

"哇，太好了，和设想的一样，火箭正常升到了空中！"看到升空的火箭，小伊开心地说道。

"嗯，没想到一次就成功了呢，那就开始第二个阶段吧。"阿吉迫不及待地说道，"第二个阶段是要让光点散开，这么多灯，我怎么才能同时控制呢？"

"这一点你不用担心"，看到阿吉有些发愁，小伊说道，"虽然灯很多，但是除了方向不同之外，每个灯做的事情是一样的，这也正是电脑的强项啊，把同一件事情做很多遍，30个灯，完全不用担心。"

"原来是这样，那太好了！让我来想一想，30个灯，每一个选定一个方向，同时也选一个颜色，代码就是这样的。"

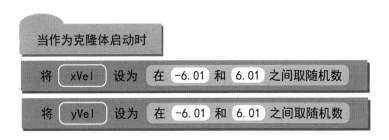

"然后跟刚才升空一样，我们需要让灯动起来，也就是让灯在1.5秒内不断地改变位置，用代码来说就是这样的。"

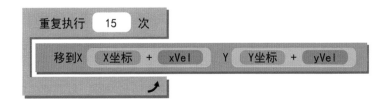

xVel表示的是X坐标移动的距离，yVel表示的是Y坐标移动的距离。

"哇，太棒了！"看到焰火的演示效果，小伊禁不住赞叹道。

"哈哈，看来我的编程技术提高得还蛮快的嘛！"

看到这么独特的焰火表演，全村人都非常开心，阿吉和小伊更是笑得合不拢嘴。

阿吉在小伊的引导下，首先描述了问题，接着将问题分解成了更小的问题，这也是编程中的分析阶段。在这个阶段，通过不断地对问题进行描述和分解，将一个复杂的问题分解成熟悉的、更容易解决的小问题，这是编程的第一步，也是最重要的一步。

接下来，针对每一个小问题，确定一个明确的解决方案，并且将它用程序实现出来，这样一个一个地实现，最终组合成一个完整的系统，这就是程序的实现阶段。

实现完成后，通过测试运行，发现问题并找出问题的原因，这是除错阶段。之后可以通过不断地调整来完善系统、增加功能，现代软件研发就是遵循这样的一套流程。

这样的思维方式我们可以运用在生活中的各个方面，帮助我们确定方向、厘清思路。正如苹果公司的创始人史蒂夫·乔布斯在一次采访中说道："这和我们用它（编程）做什么实际的工作无关，重要的是，将它作为反映我们思考过程的一面镜子，去真正地学会如何思考。"在生活和学习中，我们也可以经常引导孩子进行这样的分析，从而学会真正的思考。

有些家长会问，编程可以帮助孩子提高数学能力吗？这个问题可以从两个方面来看，编程能教孩子学会解决特定数学问题（比如追及问题、抽屉原理等）的技巧吗？答案是否定的，解决编程问题基本不会用到考试中需要的特定数学技巧。但是编程能更好地帮助孩子分析和解决数学问题吗？当然可以，只要他能学会并应用上述思考方法，就可以更好地分析题目，找到解题思路，站在一个更高的位置来看待数学题，从而整体提升数学能力，这应该也是我们更希望看到的吧。

注：这里的程序使用的是Scratch 3.0，此处仅演示了运行所需的核心逻辑及相关代码，为保证简洁，省略了一些与核心逻辑无关的代码。

思维训练 ● 第二十八关

3033年，世界和平，再无纷争，曾经战无不胜的超级英雄们也都到了迟暮之年，纷纷退休，开始过起了普通人的生活。闪电侠、绿巨人、钢铁侠和黑豹四个人，有着优步司机、快递员、公司创始人和驯兽员四种身份。

一位复仇者联盟的超级粉丝很想知道他们从事的职业，为了表明各自的身份，他们说了4句话。

①闪电侠是驯兽员

②钢铁侠是优步司机

③绿巨人不是驯兽员

④黑豹不是快递员

已知上述4句话中，有3句话是谎言。那么，请问谁是公司创始人？这位超级粉丝当时就蒙了，小朋友你能帮帮他吗？

逻辑解析●

解答这道题的时候同样采用排除法，在4句话中有3句话是假的，那么有1句话就是真的。

第一种情况： 假设1是正确的，那么2、3、4都是谎言。推理出：

①闪电侠是驯兽员

②钢铁侠不是优步司机

③绿巨人是驯兽员

④黑豹是快递员

第一种情况   第二种情况

那么1与3就矛盾了，所以1说的不是真话。

第二种情况：假设2是正确的，那么1、3、4都是谎言。推理出：

① 闪电侠不是驯兽员

② 钢铁侠是优步司机

③ 绿巨人是驯兽员

④ 黑豹是快递员

4句话都不冲突，至此已经找到了答案，也就是说，闪电侠的身份是公司创始人！

我们再来验证另外两种情况。

第三种情况：假设3是正确的，那么1、2、4都是谎言。推理出：

① 闪电侠不是驯兽员

② 钢铁侠不是优步司机

③ 绿巨人不是驯兽员

④ 黑豹是快递员

第三种情况

第四种情况

只有黑豹的身份是明确的，1、2、3都不明确，即不能辨认，答案不唯一。因此，第三种情况也不是真话。

第四种情况：假设4是正确的，那么1、2、3都是谎言。推理出：

1️⃣ 闪电侠不是驯兽员

2️⃣ 钢铁侠不是优步司机

3️⃣ 绿巨人是驯兽员

4️⃣ 黑豹不是快递员

跟第三种情况一样，只有绿巨人的身份是明确的，1、2、4的答案都不明确，难以断定。因此，第四种情况也不是真话。

神秘礼物

阿吉可以让妈妈讲一个故事，小伊可以让爸爸陪自己玩4个小时。

6.2 观察和发现——神奇的追踪

看完焰火表演，二人回到了营地，却发现来自Xera星系的阿兰和阿德俩兄弟正在数一本书，阿吉觉得很奇怪，就问道："你们俩为什么在数这本书？"

"我们来夏令营的时候借了同一本书，这是一本介绍星球历史的书，我们在夏令营期间一直在看，结果还书的时候，管理员说这本书没有页码，既然我们看过了，问我们总共有多少页。这我们哪里还记得，只好一起在这儿数。"阿兰说道。

"这个……你们记得读了几天，每天读了多少页吗？"

"我读得比较快，每天读60页，几天不记得了，反正比管理员规定还书的日子提前一天就读完了。"阿兰说。

"我读得比较慢，每天读40页，也是不记得几天了，不过到规定还书的日子我还没读完，所以跟管理员又申请了两天才读完的。"阿德也接着说道。

"哦，似乎一下子算不出来。"阿吉听了有点蒙。

"可不是，所以我们在拼命数呢。"阿德无奈地说。

"不用数啦，我知道有多少页了。"一旁的小伊突然说道。

"机器人果然有超能力，快告诉我们吧！"阿吉迫不及待地说。

"不用超能力，你再好好想想。"小伊说道。

"就知道你会这样。"阿吉无奈地说，"我来想一想。"

一旁的阿兰若有所思地说，"书的总页数是一样多的，我比阿德少读了3天，每天比他多读20页，然后就像我们跑步一样啦，我比你跑得快，所以跑1000米你要比我多跑10秒。"阿兰在一旁着急地说道。

"对对对，就是这么个道理，换成跑步的题，这样我会算"，阿德赶紧接着说，"我比你多读了3天，每天40页，一共就是120页。也就是说，在你读完的那一天我还差120页，这120页的差距是一天一天积累的，每天是20，所以天数就是6，你用了6天读完，6×60=360，我用了6+3=9天，总共40×9=360。完全没问题，哈哈，管理员规定的时间是6+1=7，这就完全对上了。"

"阿吉，你是不是还没有算出答案啊？"小伊在一旁笑着说。

"啊，我只是算术有点慢而已，怎么会算不出来。"阿吉略带不满地说道。

"阿吉，你这么厉害，不如再帮我们一个忙吧。"阿兰忽然说道。

"啊，还有难题啊？"

"是啊是啊，听说这里的沙漠在夜里会有像极光一样的美丽光束，但是只有当地的土著人会知道每天几点可以看到。我们今天中午刚好遇见了一个土著人，当时是12点，我们问他极光的时间，他却跟我们说，'当时针和分针第10次重合的时候，你们就能看见了。'我俩完全没有头绪啊，想着实在不行就不去了，不过看你这么厉害，一定可以帮我们确定时间吧！"

"这还不容易，找个手表来转一下不就知道了嘛。"阿吉不屑地说。

"这个办法我们也想到了，但是现在都用手机了，我们问了整个营地，也没人戴表。"

"那好办，我们画一下试试就行了。"阿吉说道。

"可以，我们人多，一起试试看吧。"

说着就动手画了起来。

"嗯，12点整的时候，时针和分针重合，接下来，分针走得快，时针走得慢，12：30如右图所示。"

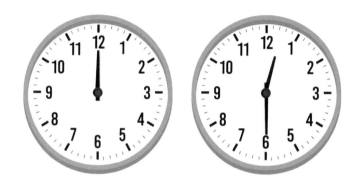

"那么应该在下午1：00出头的时候，时针和分针第一次重合，这时分针多走一圈。但具体是几分几秒呢?"

看了阿兰的图，阿吉忽然来了灵感，接着在沙地上边画边说："你们看，从12点到1点多，时针走了这么一小段，分针走了一圈加这么一小段。"

"刚好比时针多走了一圈!"还没等阿吉说完，阿兰就兴奋地喊了起来。

"那不就像我跟弟弟跑步一样？他只有3岁，在操场还没走几步，我就已经跑了一圈又追上他了。"阿德也兴奋地跟着喊道。

"是的是的，就是这个意思，"阿吉也赶紧说道，"要是知道一圈有多长，还有时针分针的速度有多快就好了，一下子就能算出来了。"

"这个我们不是已经知道了吗？虽然不是多少米/秒，但是我们知道分针每小时走1圈，时针走 $\frac{1}{12}$ 圈，这不就是它们的速度？1圈/每小时和 $\frac{1}{12}$ 圈/每小时，重合一次多走了1圈，所以答案就是 $1 \div \left(1-\frac{1}{12}\right)=1\frac{1}{11}$ 小时，$60 \times \frac{1}{11}=5\frac{5}{11}$ 分，也就是约5分27秒，在1:05:27的时候发生了第一次重合。"阿兰一边算一边说着。

"没错没错，就是这样，"阿吉恍然大悟地说道，"那么同样的，第10次重合就是 $10 \div \left(1-\frac{1}{12}\right)=10\frac{10}{11}$ 小时，差不多就是10:54:33秒，也就是现在！"阿吉指着小伊身上的时钟激动地说道。

4人一起抬头看向了天空，璀璨的极光正在头顶闪耀着。

每小时分针走一圈　　**每小时时针走1/12圈**

第一道题目，如果用方程来算，思考的过程会比较直观，但对小学生来说也未必能快速算出。因为这里有两个未知数，即预计的天数和书的总

页数，如果一不小心列出了二元方程，那就在无形中增加了解题的难度。

应用题都是用文字包裹的常规题型，包裹得好的题会让小朋友难以识别出它的基础题型，因而无法找到突破口。像这一题，明明是一个常见的追及问题，小朋友却有可能无法在第一时间发现。这时，最简单的方法是将文字用图形来描述，一旦完成就可以简单地识别出题目的基础题型，从而很快找到解题方法。

第二题也是同样的道理，而且包装得更深，同样只要画出图示模拟场景，就可以了解到问题还是一个追及问题，这题也就解决了一半。这道题还有一个潜在的难点，就是这里的速度不是我们平时所用的米/秒或是公里/小时这种直线的速度，而是描述转了多少圈，用专业的词来描述叫作角速度。但我们不需要给孩子额外增加这样的定义，只需要用每小时转了多少圈，或者每小时转了几格（每一分钟一小格）的方式引导孩子就可以了。无论哪种方式的表述，都可以算出正确的答案。

最后，要把如 $\frac{1}{11}$ 小时这样的值换算成分钟的话，要记得，小时到分、分到秒都是60进制，这样就不会出错了。

学会用图景来描述问题，会改变我们看待问题的角度，会让很多一开始无从下手的题目变得很容易，多让孩子用这样的方式去尝试吧！

思维游戏 ● **第二十九关**

解决完问题之后，时间不早了，阿吉和小伊也准备回去休息了，他们在返回酒店的途中，路过一处游乐场。这时突然传来了惊叫声，一问才知道，来自动物星球的小朋友们在玩摩天轮，可是遇到了机械故障，貌似一个小朋友被甩了出去，大家惊慌失措，不知道谁丢了。

时间紧迫，聪明的小朋友，你们可以在10秒钟内迅速找到是谁被甩出去了吗？

这是一道考查观察力的题目，解题思路是按照顺时针或逆时针方向逐一排查。最终的答案是体重最大的大象被甩了出去，不过幸好摩天轮不高，大象小朋友没有生命危险，被及时送往了医院救治。

神秘礼物 ●

答对题目：阿吉会得到一张好运符，小伊会得到一张好运符。

答错题目：两人都会得到一张炸弹卡。

说明：这道题也很简单，答错的就会受到惩罚。

6.3 视觉空间力——移动和改变

结束了一天的夏令营之旅，阿吉和小伊都美美地睡了一觉。第二天一早，夏令营进入了尾声，大家也迎来了最后的挑战。今天的目标是进入古代的金字塔，发现其中的秘密。夏令营的营长开始介绍，原来天狼B行星上的古人相信，通过金字塔，他们可以和两个太阳神进行交流，以预测天气、粮食收成、未来运势等。要进入金字塔和两位太阳神进行交流，唯一的要求是通过门口的考验。

阿吉和小伊听后非常兴奋，整个夏令营一路走来，他们共同挑战了很多难题，相信这次一定可以进入金字塔神殿，和传说中的太阳神进行一次深入的沟通。

不一会儿大家就来到了金字塔的门口，第一关的挑战也在这里。地上画了3组图形，并有着相应的解释。阿吉走近一看，原来是这样的3组图形和说明。

第一组图形：

说明：移动2根木条，改变鱼的方向。

第二组图形：

说明：移动3根木条，组成3个正方形。

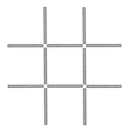

第三组图形：

说明：移动4根木条，形成3个正方形，找到两种组合。

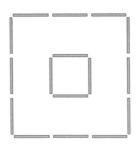

"这些题似乎不难，感觉像我小时候玩的移火柴游戏。"阿吉看了一眼题目说道。

"是吗，那就太好了。对于这类问题，我考虑的都是暴力求解，移动一两根还没问题，更多的话就会很慢，这次就靠你啦。"小伊说道。

"嗯嗯，交给我吧！"阿吉今天的信心很足。

"第一道题我已经知道啦，哈哈，你看，题目让我们给鱼转方向，我一下子想到的就是把现在向左的鱼头改成向右，就像这样。不过这样一次就移动了2根木条，鱼鳍就改变不了方向了。"

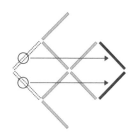

"不过好在，我有多年玩木条、七巧板的经验，既然直接转到向右不行，那我可不可以转成向上呢？如果是向上的话，图里圈起来的两根就是多余的，我先把它们拿走，再看看图，鱼头和鱼鳍都会缺，补上一看，刚刚好。"阿吉兴奋地说道。

"真的是这样，阿吉，你现在的启发式思维好厉害，排除不可能的情况，再尝试新的想法，一下子就找到了方案。"

"那是，感觉这次夏令营我进步了很多呢。"阿吉得意地说。

"嗯嗯，快点开始下一题吧。"小伊催促道。

"这题似乎很简单啊，中间有一个正方形了，所以把边上的两个移过去不就行了。"

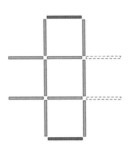

"咦，居然不对，明明有3个正方形了啊！"看着移动之后并不对，阿吉惊讶地说道。

"总共需要移动3根木条，你只移动了2根，所以不行吧。"一旁的小伊说道。

"这样啊，我再想想。"阿吉听了，微微有些脸红，指着自己的图形说："现在有3个正方形，如果按照现在的思路继续的话，就是移动1根，拆掉一个正方体的同时形成一个正方体，左边的部分只差1根就可以组成正方形，就像这样。"阿吉边说，边移动着木条。果然，再次正确解决了一题。

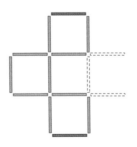

"好厉害，阿吉，还有最后一题了，再接再厉吧！"小伊看着阿吉的反应，也开心地说道。

"最后一题可以移动多根，似乎并不难。"阿吉边说边开始移动木条，"这样似乎就可以了。"

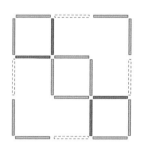

"不错不错，就是这样子的。"

"但是第二种模式，似乎就比较困难了。"阿吉一边摆弄着木条，一边思考着。

"阿吉，图上有两个正方形，你刚才的方案拆掉了大的正方形，现在还要找一个方案的话，要不拆掉小的正方形试试？"

"你说得很对！我再试试看。"

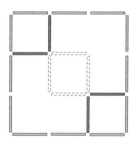

"不错不错，同样利用边框的大小，通过拆除大的或者小的正方形，可以组成两种模式呢。"小伊开心地说。

"现在我们就通过了第一关，离跟太阳神交流更近了一点呢，我们赶紧前进吧！"

此类难题古今中外都存在，甚至会出现在一些考试中。但这类题目记住答案是没有用的，它最大的价值在于培养学生思考的习惯。这样的题通俗易懂，但却没有固定的思维方式，除非已经知道答案，否则很难在短时间内找到方案。这就需要学生们养成遇到问题多观察一下，多思考一下，多尝试一下，寻找不同可能性的习惯，同时小小地突破一下固有的思维模式。

更重要的是，对于遇到的问题不要轻易放弃，这样的一种思考习惯会对未来产生更大的价值。平时我们的很多课程、补习都以教会学生解某类题型为目标，忽视了思考的过程，而这种锻炼思考能力的游戏，在这种背景下就显得更有价值了。

思维游戏 ● 第三十关

成功攻克了第一关，先休息一下，玩一道图形规律题吧。仔细观察下面的图形，空白处应该填什么？

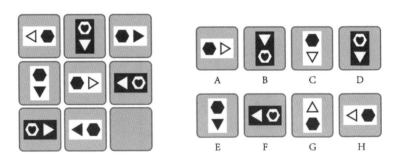

逻辑解析 ●

这是一道找规律的题目，练习的是图形观察与逻辑推理能力。遇到类似的题目，如果一眼看不出答案，可以考虑使用排除法。

第一步：我们先从长方条的颜色推理。

九宫格的第一行：白红白

九宫格的第二行：白白红

九宫格的第三行：红白?

九宫格的第一列：白白红

九宫格的第二列：红白白

九宫格的第三列：白红?

没看出规律?

九宫格的第一行：2白+1红

九宫格的第二行：2白+1红

九宫格的第三行：1白+1红+?

九宫格的第一列：2白+1红

九宫格的第二列：2白+1红

九宫格的第三列：1白+1红+?

这样看是不是很明显了？无论从行还是从列观察，都符合"2白+1
红"的规律，也就是说"?"=白。

那么，答案中的B、D、F三个选项就可以排除了。

第二步：从横竖的形状分析。

九宫格的第一行：2横+1竖

九宫格的第二行：2横+1竖

九宫格的第三行：2横+?

九宫格的第一列：2横+1竖

九宫格的第二列：2横+1竖

九宫格的第三列：2横+?

因此，很容易推出"?"=竖，那么A、H这两个选项也被排除了。

第三步：分析图中图。

也就是分析长方条里面的形状，一共有六边形、六边形+心形、三角
形3种图形，我们先从三角形的变化来分析。

九宫格的第一行：2白+1红、左-下-右

九宫格的第二行：2白+1红、下-右-左

九宫格的第三行：1白+1红、右-左-？

九宫格的第一列：2白+1红+？、左-下-右

九宫格的第二列：2白+1红、下-右-左

九宫格的第三列：1红+1白+？、右-左-？

那么从颜色推出"？"=白，观察剩下三个选项C、E、G，那个答案就剩下C和G符合。

从方向推出"？"=下，因此答案是C。

神秘礼物●

阿吉会得到一次探险的机会，小伊的智力值+1。

说明：得到探险机会，可以让父母带自己去一个陌生的地方，在保证安全的情况下尝试探险活动；智力值累积到3分之后，可以兑换一个学习用品。

6.4 创造式思维——真正的太阳神

很快两人来到了第二扇门前，这道门上绘制了两个惟妙惟肖的太阳神，同时问题也写在了上面。营长介绍道，天狼B行星是一个双星系统，也就是有两个太阳，所以古人崇拜的也是两个太阳神。不过双星中一颗是主序星，就像我们的太阳，另一颗是白矮星，已经不再聚变产生能量，所以两个太阳神就有了主次之分。这道难题的目的就是考验想进入金字塔神殿的人，能不能区分这一主一次的两个太阳神。

在这幅图中，阿吉和小伊看到了这道难题。

已知其中一个人在说谎，但不知道另一个人是不是在说谎，请问：艾神和毕神，谁才是真正的主神？

"这道题目有点意思，两个太阳神，还不想表明自己的身份。"阿吉看了，嘴里嘀咕道。

"那是当然了，太阳神自然要有太阳神的神秘感，不能让你一下子就知道他们在想什么。"小伊说。

"说得也对，那就让我来看一看，你们到底哪一位才是真正的主神吧。"阿吉边想边说，"这题似乎并不难，无非就是几种情况。"

1	艾神说的是真话	毕神说的是假话
2	艾神说的是假话	毕神说的是真话
3	艾神说的是假话	毕神说的是假话

"然后让我们来看一看，把他们的话都翻译成真话，看看他们的内容是不是矛盾就可以啦。"

	真假翻译后的内容		
1	毕神是主神	艾神不是副神(=艾神是主神)	矛盾
2	毕神不是主神(=艾神是主神)	艾神是副神	矛盾
3	毕神不是主神(=艾神是主神)	艾神不是副神(=艾神是主神)	一致

"很好，只有第三种情况是一致的，也就是说，图上两个神说的都是假话。真正的情况是，艾神是主神，毕神是副神，感觉我越来越厉害了呢。"阿吉得意地说。

"感觉你越来越像电脑了倒是真的，把所有情况都罗列出来是我们电脑的强项，你居然用上了。"小伊笑着说。

"不过你必须得承认吧，效果非常棒。"阿吉继续得意地说着。

"我觉得你是把简单的问题复杂化了。这题简单，如果遇到复杂的情况，你又不是真的电脑，根本罗列不完。"小伊接着说。

"那你说说有什么好办法？"阿吉听了很不服气。

"你再仔细看看他们俩说的话。"小伊提醒道。

"毕神是主神……艾神是副神……"阿吉沉吟道："咦，他俩说的话本身就是一致的嘛，要么都是真的，要么都是假的。所以，因为已知一个人说的是假话，所以两个人说的都是假话，这样一下子就得到了我的结论了嘛！"

"那可不是，所以让你不要总用计算机的思维。人的长处本来就与计算机不同，人更擅长从整体上来考虑问题。"小伊解释道，"就像这一道题，如果能把两人说的话作为一个整体来考虑的话，可以一下子就发现两个人说的内容是一致的，就可以发现真实的结果了。"

"不错，我是应该多这样考虑问题，不过现在，让我们去最后的挑战吧。"

思维游戏 ● 第三十一关

马上就要迎接最终挑战了，为了让大家保持不错的状态，尤其是给阿吉补充能量，小伊拿来了很多巧克力，尽可能平分给在场的人。小伊数了一下，一共买了63块巧克力，当她发完后，发现阿吉分到了11块巧克力。

那么请问，小伊将巧克力一共发给了多少人？

逻辑解析 ●

第一步： 列出已知条件。

一共有63块巧克力，阿吉分到了11块。

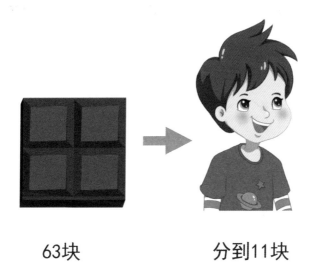

63块　　　　　　分到11块

根据题意，小伊是尽可能平分给每一个人的，那么可以用这个公式确定人数：

巧克力总数 ÷ 每人分到的数量 ＝ 在场分到巧克力的人数

利用这个公式，我们可以计算出大致人数：63÷11≈5.7。
也就是说，人数要么是5个，要么是6个。

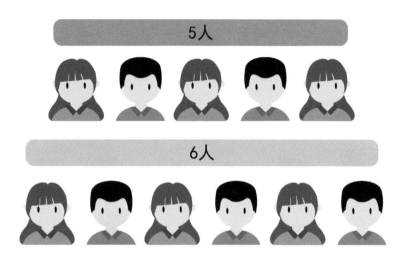

第二步：进一步验证，先验证5个人的情况。

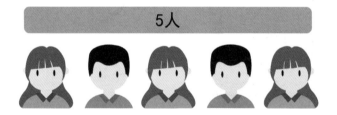

如果说分到巧克力的是5个人，63÷5=12.6，也就是说每个人可能分到12块或者13块，那么跟题中"阿吉分到了11块巧克力"是矛盾的，因此这个答案不对。

第三步：再验证6个人的情况。

6人

63÷6=10.5，也就是说每个人可能分到10块或者11块，那么跟题中
"阿吉分到了11块巧克力"是符合的，因此这个答案是对的。

也就是说，小伊将巧克力一共发给了6个人。

神秘礼物●

阿吉会得到一块巧克力，小伊可以选一个自己喜欢的甜品。

6.5 计算思维递归——移动那些圆盘

来到神殿的中央，这里立着3根柱子，一根红色，上面从上到下、从
小到大依次套了64个圆盘，另有一根黑色和一根绿色的柱子是空着的。

营长解释道，这是神给大家的最后考验。天狼B行星本来是一颗更大
的恒星，因此它也燃烧得更快，在燃料耗尽后，天狼A行星吸收了一些它
抛出的物质而变得更大。而这里的3根柱子和圆盘就像这样的一个过程，
需要将红色柱子上的64个圆盘全部移到绿柱上，要求是：圆盘必须套在柱
子上而不能放在别的地方，在任何时候小的圆盘必须在大的上面，而不能
反过来（隔号是可以的）。

像现在这样，我们把最小的编为1号，然后依次到最大的64号，1号可
以放在2号上面，也可以放在3号、4号或任何比它大的号上面。反之，任

何时候大号的不能压在小号的上面。

　　解释完规则后，营长又说，这是两位太阳神给我们最后的考验，谁能完成这一点，太阳神就会实现他的愿望。

　　阿吉听了异常兴奋，立刻开始了尝试。

　　不过尝试了几下之后停了下来，说道，"这个也太难了吧，要是只有几个圆盘，我估计没有问题，这么多，完全没有思路啊。"

　　"那我们就先从少的开始吧。"小伊说道，"如果只有1个圆盘，你要怎么做？"

　　"那还用说，当然是把1号移动到绿色柱子就可以了啊。"

　　"好的，那我们把这样移动一片圆盘叫作'移动（1号）从（红柱）到（绿柱）'。"小伊接着说。

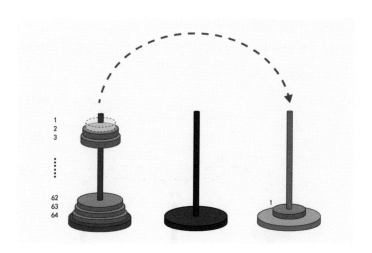

"这个看起来也太复杂了……但就是这么回事。"阿吉有点无奈地说。

"那么移动1号和2号到绿柱又要怎么操作?"小伊接着问，"用我刚才教你的方法来试试。"

1️⃣ 移动（1号）从（红柱）到（黑柱）

2️⃣ 移动（2号）从（红柱）到（绿柱）

3️⃣ 移动（1号）从（黑柱）到（绿柱）

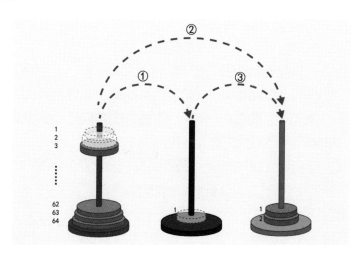

"就是这样，那如果要把1号和2号从红柱移动到黑柱呢?"

"方法和上面是一样的，只要把里面的黑柱换成绿柱，绿柱换成黑柱就可以了。"

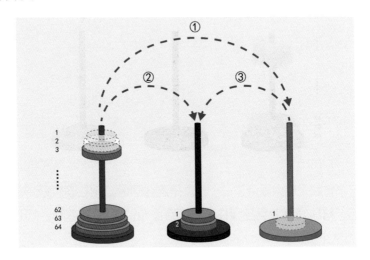

"没错，我们已经知道了把1号和2号搬到另一个柱子的方法，对吧?"小伊接着问。

"是的。"

"好，接下来就进入最困难的阶段了，怎么把1、2、3号从红柱移到绿柱?"

"先把1号移到……"阿吉刚准备接着说。

"等一下，先理一下思路，我们刚才不是知道了把1、2号搬到另一个柱子的方法了吗，我们给这个方法起个名字，就叫'搬塔（2）从（红柱）到（黑柱）'好不好? 这里的'搬塔（2）指的是整体搬1、2号圆盘'，以此类推，搬塔（10）指的就是整体搬1号到10号圆盘。"

现在，利用我们已知的方法，移动1、2、3个圆盘可以分解为三个步骤：

首先把（1，2）作为一个整体移动到黑柱；

接着将3号搬到绿柱；

最后再继续使用上面的方法，把1、2圆盘从黑柱搬到绿柱，这样就完

成了。

如果是这样就简单了，就是：

1 搬塔（2）从（红柱）到（黑柱）

2 移动3号从（红柱）到（绿柱）

3 搬塔（2）从（黑柱）到（绿柱）

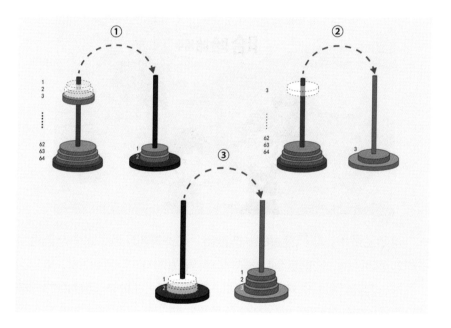

"这样就可以了！"阿吉一边说，一边激动起来，他又接着说道，"这样后面无论是4号还是64号都是一样啦，如果是N号的话，就是：

1 搬塔（$N-1$）从（红柱）到（黑柱）

2 移动N号从（红柱）到（绿柱）

3 搬塔（$N-1$）从（黑柱）到（绿柱）

可以用同样的方法来解决！"

"不错不错，你已经发现了其中的奥秘，这个就是正确的方法啦。"

"太好了，赶紧来帮我移吧，这样就可以让太阳神帮我们实现愿望

197

啦。"阿吉兴奋地说。

"不过我算了一下，如果我们每秒钟搬一次的话……搬完需要大约5800亿年。"

"什么……这个太阳神可真是的！"

这是一道用计算机求解的经典题目，在计算机领域，这个方法通常被称为递归问题，也就是原始问题可以分解成同样结构的小问题，直到这个问题小到我们可以轻易地看出答案。这样的方法在数学里称为数学归纳法，这是比较抽象和难以掌握的，如果孩子有兴趣，可以引导他们用类似的思路来分析问题，尤其是这种看似规模很大的问题，用这样的方法说不定可以见证奇效哦。

思维游戏 ● 第三十二关

夏令营圆满结束了，只不过阿吉和小伊却是一脸失望，因为他们的愿望看来永远也实现不了了。正在这时，太阳神现身了，对阿吉说道："小朋友，不要失望，你做得已经很好了，虽然你可能无法完成上面的任务了，但是我还是决定送你一个小礼物。"

"啊，谢谢太阳神，请问送我什么礼物呢?"

"我知道你爱吃糖，所以我决定送你一块糖果。"

"啊，就给一块糖果啊。"阿吉有些失望。

"这可不是普通的糖果，它在1分钟之内会增加到2个，然后这2块糖果在1分钟之内也会各自增加到2个，如此循环下去。也就是说，每过1分钟，糖果就会变为原来的2倍。"

"什么? 太好了，我以后都不愁没有糖吃了。"

"别高兴得太早，老规矩，答出这道题，神奇的糖果就归你了。"

"没问题，出题吧!"

假设你在上午10点把这块糖果放进一个瓶子里，中午12点的时候，整个瓶子就被填满了。那么，在几点几分的时候，糖果充满了整个瓶子的一半?

半瓶

逻辑解析

还是利用图像分析，这样更加直观。

观察规律得出，每过1分钟，糖果的数量就会变成之前的2倍。

上午10点把糖果放进瓶子里，中午12点整个瓶子被填满。这个过程总计120分钟，要知道糖果充满整个瓶子的一半是几点几分，如果要逐一画

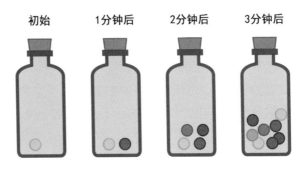

初始 | 1分钟后 | 2分钟后 | 3分钟后

图计算，那肯定被累死了，要是考试，一道题没做完估计就到时间了。所以，我们要找到技巧。这里面的关键点就在于1分钟之前的糖果数量是1分钟之后的一半。

根据这条关键线索画出示意图：

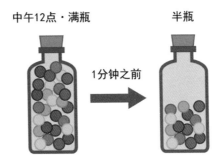

中午12点·满瓶 | 半瓶

1分钟之前

中午12点瓶子被填满，那么1分钟之前，则是半瓶状态，这不就是我们的答案吗？也就是说，11:59分的时候，糖果充满了整个瓶子的一半。

神秘礼物

阿吉会得到一个智力王者奖杯，小伊会得到一个智力王者奖杯。

说明：经过32关的挑战，无论结果如何，只要是全程坚持下来的玩家，都值得拥有一个属于自己的智力王者奖杯。玩家可以让父母给自己定制一款奖杯，在今后的学习生活中不断鼓励自己前行。

读者将卡片剪裁之后使用

好运符

好运符

积分x2

截至这一关全部积分乘以2。

仅限1次

好运符

形象值爆燃

形象值爆燃，指的是形象值突破3个积分，可以兑换一次与形象相关的现实礼物。

（之前的形象值积分归零）

仅限1次

好运符

饕餮盛宴

饕餮盛宴，拼音为tāo tiè shèng yàn。翻译为一场丰盛的美食大餐。

经过大量的脑力消耗，是时候补充能量了。选择一家喜欢的餐厅，选择自己喜欢的食物，让爸爸妈妈带你大吃一顿吧！

仅限1次

好运符

好运符

一本书

　　恭喜你得到了一本书作为奖励。选择一本喜欢的书，让妈妈买给你吧。

仅限1次

好运符

观影机会

　　恭喜你得到一次观影机会，可以选择让父母带你去看最新上映的电影，也可以选择在家看一集动画片作为奖励。

仅限1次

好运符

游乐场

　　恭喜你得到一次去游乐场畅玩的机会。

仅限1次

好运符

好运符

玩具

你很幸运，可以选择一个
自己喜欢的玩具。

仅限1次

好运符

电子游戏

你为自己赢得了1小时畅玩
电子游戏的机会。

仅限1次

好运符

《哈利·波特》

恭喜你，赢得了一套《哈
利·波特》全集。

仅限1次

求助卡

求助卡

Help Wanted

求助家人

你有一次向家人求助的机会。

两人各使用1次

求助卡

Help Wanted

求助同学、朋友

你可以向同学或朋友求助。

两人各使用1次

求助卡

Help Wanted

求助网络

你可以通过互联网查找解决问题的方法。

两人各使用1次

第一本编程思维启蒙书

心愿卡

心愿卡

购物方面

你可以向父母提出一个关于
购物方面的合理愿望。

仅限1次

心愿卡

旅行方面

你可以向父母提出一个关于
旅行方面的合理愿望。

仅限1次

心愿卡

美食方面

你可以向父母提出一个关于
美食方面的合理愿望。

仅限1次

206

心愿卡

心愿卡

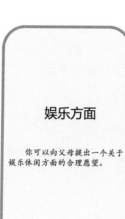

娱乐方面

你可以向父母提出一个关于娱乐休闲方面的合理愿望。

仅限1次

心愿卡

学习方面

你可以向父母提出一个关于学习方面的合理愿望。

仅限1次

任务卡

任务卡

逛书店

你接到了一项在某些人看来无聊烦闷的任务，但是另一些人却感觉轻松有趣。

让父母带你去一家有特色的实体书店，感受读书的氛围，并选一本自己喜欢的书吧。

仅限1次

任务卡

跑步

周末，你需要在父母的陪伴下到公园完成跑步任务。

跑步里程：2.5KM以上或者围着公园跑一圈。

仅限1次

任务卡

书籍分享

当你看完这本书后，将学到的知识点分享给他人。

可以通过网络分享，也可以通过线下的方式分享给同学、朋友等。

仅限1次

任务卡

任务卡

书籍交换

当你看完这本书后，与同学或小伙伴进行物物交换，换一本对方闲置你却很感兴趣的书阅读。

仅限1次

任务卡

邀请伙伴

邀请一位同学或者小伙伴与你一起完成闯关训练。

仅限1次

任务卡

仅限1次

分享朋友圈

将这本书的内容分享至朋友圈，让更多小朋友有机会分享你学到的知识。

仅限1次

任务卡

任务卡

MISSION

读书

连续一周，每天读书5分钟。

仅限1次

炸弹卡

炸弹卡

积分减半

很遗憾，如果你抽到了这张卡，你所有积分将会减半，你需要重新努力哦。

两人各使用1次

炸弹卡

1天不许玩手机

除了正常使用外，手机需要交给父母保管，1天内的任何时段都不能玩手机。

两人各使用1次

炸弹卡

上交喜欢的玩具

挑选一件自己喜欢的玩具交给父母，直到用良好表现要回玩具。

两人各使用1次